跟 着 蛟 龙 去 探 海

国家出版基金项目
NATIONAL PUBLICATION FOUNDATION

跟着蛟龙 去探海

总 主 编 刘 峰
执行总主编 李新正

探海重器

刘 峰 ◎ 主编

李楚楠　徐宏伟 **文稿编撰**
李楚楠　徐宏伟　滕俊平 **图片统筹**

中国海洋大学出版社
·青岛·

跟着蛟龙去探海

总主编 刘 峰

执行总主编 李新正

编委会

跟着蛟龙去探海,一路潜行

深海,自古以来就带给了人类无限的遐想,从"可上九天揽月,可下五洋捉鳖"的美好向往,到凡尔纳笔下"海底两万里"的奇幻之旅,人类对它的好奇催生了一次又一次的探索与发现之旅。随着深海的神秘面纱被一点点揭开,呈现在我们面前的是一个资源宝库。对于深海资源的保护与利用,关系到人类的未来。与此同时,建设海洋强国的号召也为我国的科研工作者带来了新的使命,对于深海的探索是我们开发海洋、利用海洋、保护海洋至关重要的一环。

"蛟龙"号应运而生。我国首台自主设计、自主集成的7 000米级载人潜水器"蛟龙"号的诞生,揭开了我国载人深潜的新篇章,使得我国成为继美、法、俄、日之后世界上第五个掌握大深度载人深潜技术的国家。

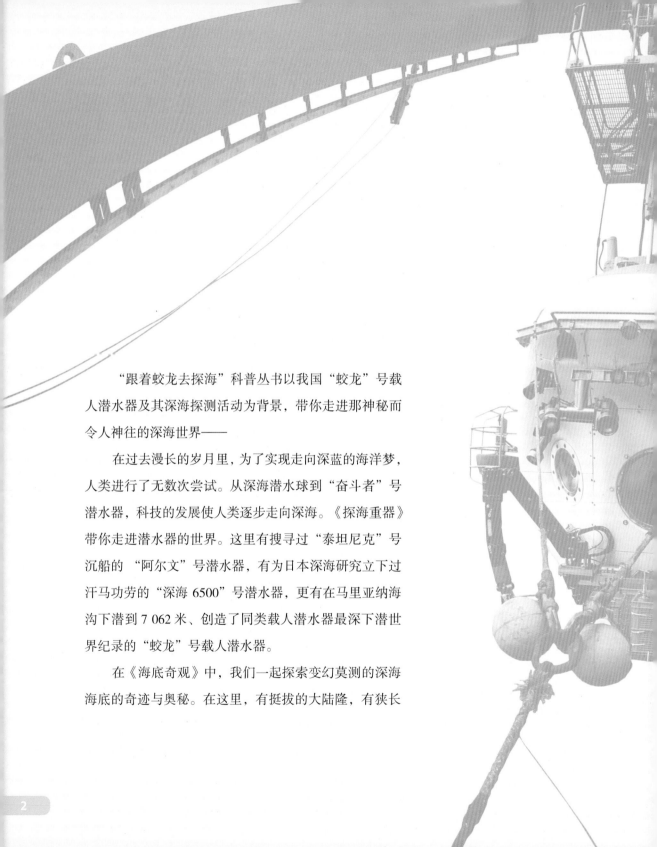

　　"跟着蛟龙去探海"科普丛书以我国"蛟龙"号载
人潜水器及其深海探测活动为背景,带你走进那神秘而
令人神往的深海世界——

　　在过去漫长的岁月里,为了实现走向深蓝的海洋梦,
人类进行了无数次尝试。从深海潜水球到"奋斗者"号
潜水器,科技的发展使人类逐步走向深海。《探海重器》
带你走进潜水器的世界。这里有搜寻过"泰坦尼克"号
沉船的 "阿尔文"号潜水器,有为日本深海研究立下过
汗马功劳的"深海6500"号潜水器,更有在马里亚纳海
沟下潜到7 062米、创造了同类载人潜水器最深下潜世
界纪录的"蛟龙"号载人潜水器。

　　在《海底奇观》中,我们一起探索变幻莫测的深海
海底的奇迹与奥秘。在这里,有挺拔的大陆隆,有狭长

延绵的海岭，有平坦的深海平原，有如海洋脊梁的大洋中脊，有冒着滚滚烟雾的海底"黑烟囱"，有冒着泡泡的海底冷泉……它们高低起伏，呈现出不同的状态，再加上密密麻麻的贻贝群落、长着大"耳朵"的"小飞象章鱼"、丛生的珊瑚等，搭建出瑰丽神秘的"海底花园"。

蛟龙似箭入深海，探索生命利万世。"维纳斯的花篮"偕老同穴、超级耐热的庞贝虫、在海底"黑烟囱"旁"生根发芽"的巨型管虫、长着亮粉色古怪胸眼的裂隙虾、在海底独霸一方的铠甲虾、仿佛来自地狱的深海幽灵蛸……《奇妙生物圈》让你认识异彩纷呈的深海生命。然而这里早已不是一片净土，深海污染让人忧心——无孔不入的微塑料、距离海面一万多米的马里亚纳海沟最深处的塑料袋……

《深海宝藏》带你去被誉为21世纪人类可持续发展的战略"新疆域"——深海寻宝。深海蕴藏着人类社会未来发展所需的丰富资源，这里有可提供优质蛋白质的"蓝色粮仓"、前景广阔的"蓝色药库"、种类繁多的深海矿产。在"蛟龙"号载人潜水器等深海利器的协

助下，一个个海底"聚宝盆"逐渐向世人展示出它们的宝贵价值。

浩渺海洋，变幻莫测，尤其在深海海底潜藏着许多人类未知的宝藏。"蛟龙"号载人潜水器是中国深潜装备发展历程中的一个重要里程碑。它的研制成功吹响了中华民族进军深海的号角。

"跟着蛟龙去探海"科普丛书就像一个符号，书写着人类对于深海的好奇与热情、对于深海探索的笃定之心，更抒发着我们对于每一位心系深海、为我国海洋科学事业默默付出和无私奉献的深潜勇士和科研工作者的敬慕之心。

就让我们随着"蛟龙"号载人潜水器的脚步，踏上这奇妙的深海之旅，见证探海重器的诞生，走近雄伟壮阔的海底奇观，揭秘生活于黑暗中的奇妙生物，探索那埋藏于洋底的深海宝藏。

前　言

我们曾仰望星空，浩瀚的宇宙中留下了中华儿女的足迹；我们曾探秘月球，空旷的月球上有了五星红旗的风姿……如今，我们对蔚蓝的海洋，充满着期许。在那未知的大海深处，又怎能没有我们中国人的身影？

21 世纪是海洋的世纪。深海中有着丰富的现代工业所需的铜、镍、钴等金属资源，海底的能源储量也远超过陆地储量。深海宛如一座被掩埋的宝库，等待我们去发掘。种类繁多的深海生物在药用、基因、环境生态等方面有着巨大的科研价值……而对于深海洋底，我们知之甚少。随着我国经济的快速发展以及国家政策的支持，创新型人才不断涌现，"可上九天揽月，可下五洋捉鳖"这个中华民族的梦想，经过一代代人的艰苦奋斗，如今已经成为现实。这一切的一切，都推动着我们迈着更加坚定的步伐，走向未知的海洋，走向光明的未来。■

目 录

Contents

蛟龙探海

潜水器母船与支撑保障基地

走向深蓝的
海洋之梦

　　蔚蓝的大海，波澜壮阔，风光无限。

　　在这些优美景色的背后，隐藏着无数的奥秘。这些奥秘，吸引着人类到深海洋底去探寻生命的意义，去探索地球的秘密。

走向深海 ▶▶▶

我们人类，从古至今，从未停下过走向海洋、探索海洋的步伐。

为什么要走向深海呢？在回答这个问题之前，首先要清楚"深海"指什么。

深海包括海床、底土及上覆水体，是一个连接世界各大陆、具有复杂法律属性的巨大空间。深海在资源、环境、科技、军事等不同领域有不同的界定，各相关领域往往根据自身行业的特点作出相应界定，如有的将海平面 200 米以深的海域定义为深海，而有的将海平面 1 000 米以深的海域定义为深海。但无论基于何种定义，深海都是地球上面积最广、容积最大的地理空间，也是人类可以利用的最大潜在战略空间。

在广袤的海洋世界里，有大量的油气资源等待我们去开采，有许多未知的海洋生物等待我们去发现，有广阔的海底空间等待我们去开发。

海洋对人类的生存和发展意义重大。海洋是地球上所有生物的生命保障系统，然而，人类对海洋，尤其是对深海洋底的认识还处于初级阶段。目前，人类对深海洋底所能探知的区域还不到其全部面积的 5%，许多深海资源状况和大洋运动规律我们尚不了解。深海有大量不知名的深海生物，如我国自主设计的载人潜水器"蛟龙"号在海底拍摄的长六七厘米、由一个细胞构成的原生动物，浑身晶莹剔透的海参，生活在二氧化硫等剧毒气体弥漫环境中的虾、贻贝、蟹。

深海，也许隐藏着人类起源的秘密。

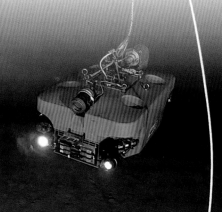

潜水器

海洋的经济魅力

2 500 年前，古希腊哲学家迪米斯·托克利预言：谁控制了海洋，谁就控制了一切。1890 年，美国海军上校阿尔弗雷德·塞耶·马汉出版《海权对历史的影响（1660—1783）》一书，从总结英、法等欧洲强国的历史兴衰中得出结论：谁控制了海洋，谁就控制了世界。

地球是人类的栖身之所，而海洋是生命的摇篮，是资源的宝库，是交通的要道。20 世纪 70 年代以后，世界人口呈现爆炸式增长，而人口增长导致了陆地资源的过度消耗，再加上现代科学技术的迅速发展，使人类逐渐将目光转向了海洋。人类利用海洋，古已有之，打鱼、制盐或者航运，也就是所谓的"渔盐之利，舟楫之便"。而今天，人类对海洋的关注已经从海面转移到深海，甚至拓展到了海底。

深海中储藏着丰富的用于现代工业的铜、镍、钴、锰等多种金属资源，还有人类现代生活中必不可少的天然气和石油资源。科学家们还发现，世界各大洋（包括国际海底区域和国家管辖海域）储藏的天然气水合物（可燃冰）总量大约相当于全世界的煤、石油和天然气等总储量的两倍，被认为是一种潜力很大的新型能源。

在这些丰富的深海资源中，石油资源是目前世界各国争夺的焦点。中国科学院院士、同济大学教授汪品先曾经在接受记者采访时指出，目前世界各国在海底争夺最激烈的资源就是石油。

石油是现代社会得以维系的重要能源，海洋蕴藏着全球约34%的石油资源。在世界各国对石油的需求日益增大的情

海底多金属结核资源

"黑烟囱"

况下，对石油的争夺已经不再局限于陆地和浅海，许多国家都在向深海进军。

在可预知的未来，深海将成为资源争夺的新领域。

深海的科研吸引力

深海丰富的生物资源，吸引着大批科学家的目光。种类繁多的深海生物，在药用、基因、环境生态等方面都有重要的科研价值。

深海生物具有在极端条件下所形成的独特的生物结构和不同于光合作用的化学能代谢机制，具有极为重要的研究价值和广泛的用途。

研究深海生物可以推动制药产业的发展。随着深海开发技术水平的进一步

走向深蓝的海洋之梦

海上石油开采平台

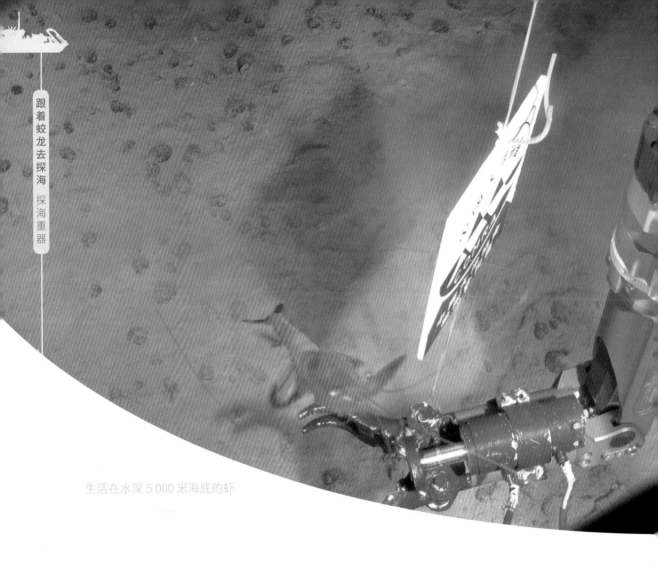

生活在水深 5 000 米海底的虾

深海热液

提高，人类发现部分深海生物具有较高的药用价值。如一些科学家从深海生物体内提取的抗肿瘤、抗病毒、抗凝血生物因子，可进一步推动制药事业的发展。

深海生物的发现丰富了深海生物基因宝库。深海环境中生活着一些热液生物。这些生物是依靠分解深海中的化学

深海海葵

物质和细菌来维持生存和繁衍的，构成了独特的生态系统，丰富了生物基因库。这些深海生物的发现也改变了人们传统的高温、无光照、有毒物质环境下无生命存在的认知。

　　研究深海微生物也为保护环境提供了新的思路。一般来说，深海的有毒物质及重金属的浓度远高于陆地，而一部分生活在深海中的微生物可以分解这些物质。研究深海微生物处理转化有害物质的机制可以为人类清除陆地上的重金属、石油污染物等提供参考。

建立深海开发新秩序

《美国关于大陆架底土和海床自然资源政策宣言》

既然世界各国都把目光投向了深海，那么，海洋这片"公共区域"又该如何划分归属权呢？

1945 年 9 月，美国总统杜鲁门发表的《美国关于大陆架底土和海床自然资源政策宣言》第一次对海洋范围进行了划分："处于公海，但毗连美国海岸的大陆架的底土和海床的自然资源属于美国，受美国的管辖和控制。"其第一次把地质学上的"大陆架"概念引入了海洋法。之后，美国国务院发表补充声明："大陆架指上覆水深 600 英尺（184 米）的海床和底土。"如此一来，美国就可以把大约 240 万平方千米海域中的海底资源牢牢控制在自己手中。接着，亚洲、拉丁美洲的许多国家先后发表类似的公告和法令。以海底问题为引子，有关大陆架、渔区、海洋环境保护等国际性海洋问题纷纷涌现。

《联合国海洋法公约》

为了规范海洋秩序，着重解决领海宽度等问题，第一次联合国海洋法会议于 1958 年 2 月 24 日至 4 月 27 日召开，制定了《大陆架公约》等，但未能就领海宽度等问题达成一致。

为解决领海宽度问题，1960 年 3 月 17 日至 4 月 17 日召开了第二次联合国海洋法会议。但因各国对领海的宽度存在重大分歧，对捕鱼区的界限问题也存在激烈的争议，所以这次会议无疾而终。

第三次联合国海洋法会议，从 1973 年开幕，到 1982 年结束，时间长达 9 年。会议召开的目的是解决前两次会议的未决事项，尤其是领海宽度、大陆架的可开发标准的修改问题。这次会议，一共有 168 个国家或组织出席参加，是迄今为止联合国召开时间最长、规模最大的国际立法会议。1982 年，该会议通过了《联合国海洋法公约》，针对会议上各国所争论的一系列问题，如领海、毗连区、专属经济区，重新界定并制定了相应规则。

《联合国海洋法公约》30周年纪念会议

第一，《联合国海洋法公约》规定，国际海底区域及其资源是全人类的共同继承财产。

第二，正式确定了领海宽度为"按照本公约确定的基线量起不超过十二海里的界限为止"。

第三，确认"群岛国"概念。《联合国海洋法公约》规定，群岛国（如菲律宾、印度尼西亚）可以采用群岛基线作为领海基线，从此基线起量领海，基线以内的水域为群岛水域，属于群岛国的主权。这项规定使一大片公海成为这些国家的内水，扩大了群岛国所拥有的海洋面积和海洋权益。

第四，确认"专属经济区"概念并确定其宽度为200海里。专属经济区，是指从领海基线起量的200海里海域内，紧邻领海，沿海国对这一区域内的自然资源享有主权权利和其他管辖权，而其他国家享有航行、飞越自由等。这一规定，将各国可管控、可勘探的海洋面积进一步扩大。

第五，重新定义法律意义上"大陆架"的概念，并把大陆架扩展到最远可达350海里，不足200海里的也可以扩展到200海里。这样，公海再一次被缩小，沿海国对海洋的管辖范围再一次扩大。

另外，建立国际海底管理局也是《联合国海洋法公约》的重要内容。按照《联合国海洋法公约》第一五七条的规定，"管理局是缔约国按照本部分组织和控制'区域'内活动，特别是管理'区域'

中国与国际海底管理局签订多金属结核勘探合同延期协议

走向深蓝的海洋之梦

资源的组织"。

国际海底管理局代表全人类对国际海底区域进行管理。一方面,作为国际海洋管理的领头机构,其对海洋的研究和管理起带头作用。最重要的是,制定海底开发活动及保护海洋环境所需要的

规则、规章和程序,为能有一个和平、良好的海洋自然环境、海洋勘探环境而作出努力。另一方面,国际海底管理局对世界各国的海洋开采和勘探进行监管,审批海洋勘探工作计划,同时对已批准的工作计划进行监督。

中国之走向深海 ▶▶▶

2016 年 5 月 30 日，习近平总书记在全国科技创新大会、两院院士大会、中国科协第九次全国代表大会上指出："深海蕴藏着地球上远未认知和开发的宝藏，但要得到这些宝藏，就必须在深海进入、深海探测、深海开发方面掌握关键技术。"

21 世纪，深海科学技术是世界科技发展的重要前沿，未来，深海资源竞争的焦点就是深海科学技术的竞争。

我国的海洋强国建设

2012 年，中国共产党第十八次全国代表大会作出"建设海洋强国"的部署。党的十八大报告提出，要提高海洋资源开发能力，发展海洋经济，保护海洋生态环境，坚决维护国家海洋权益，建设海洋强国。

2018 年，在中共中央政治局第八次集体学习时，习近平总书记强调：21 世纪，人类进入了大规模开发利用海洋的时期。海洋在国家经济发展格局和对外开放中的作用更加重要，在维护国家主权、安全、发展利益中的地位更加突出，在国家生态文明建设中的角色更加显著，在国际政治、经济、军事、科技竞争中的战略地位也明显上升。

建设海洋强国是中国特色社会主义事业的重要组成部分。习近平总书记在党的十九大报告中再次提出"坚持陆海统筹，加快建设海洋强国"。

我国走向深海的有利条件

良好的国际形势、和平的国际环境，为我国走向深海提供了稳定安全的环境。当今世界的主题，是和平与发展。维护世界和平，促进人类进步，保障国家稳定，促进经济发展，是大多数国家的共同呼声。

21世纪是海洋的世纪，发展海洋产业成为新一轮产业革命的重要内容。如今，一股空前的"海洋热"正席卷全球，世界沿海国家都把开发利用海洋作为加快经济发展、增强国际竞争力的战略选择。这种时代背景有助于推动我国向深海迈进。

走向深蓝的海洋之梦

坚持利用和保护相平衡原则

　　海洋资源是地球上富饶且未被充分开发的宝贵资源，必须坚持利用和保护相平衡的原则。要在保证海洋资源可持续利用的基础上，强化对其开发的深度和广度，提高开发的科技含量，提高资源的利用效率；同时还要对海洋资源进行优化配置，加强海洋环境监测，健全海洋法制。

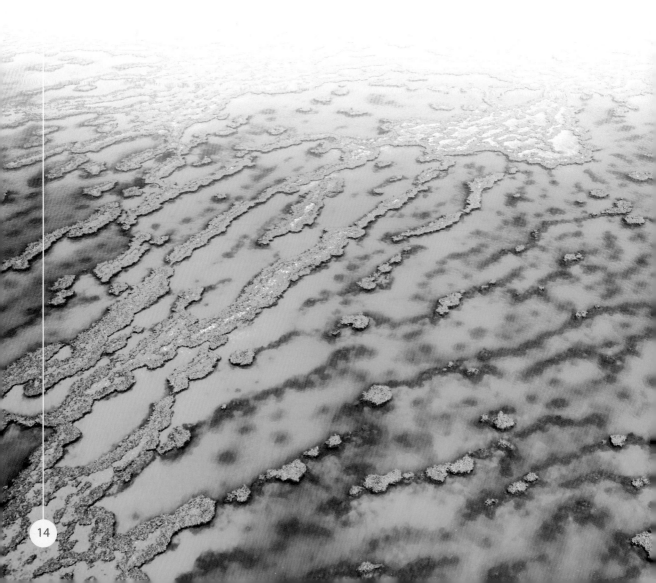

探索深蓝的
海洋科技

"工欲善其事，必先利其器。"

为了探索更深、更广的海底世界，潜水器技术不断发展，并取得了重大成就。

《海底两万里》书中插图

潜水器的由来　▶▶▶

　　1871 年，法国作家儒勒·凡尔纳在《海底两万里》一书中把深海描述成一个光怪陆离的世界，里面有足以杀死潜水者的巨大乌贼和章鱼等。儒勒·凡尔纳还构想出了一艘"鹦鹉螺"号潜艇。这艘潜艇完全靠电力驱动，而电力则是由来自海底的煤燃烧取得的，储存在伏打电池堆里。船员的食物全部为鱼类、海藻等。

电影《海底两万里》中的"鹦鹉螺"号潜艇

所以"鹦鹉螺"号潜艇的能源和船员的生活必需品都来自大海，完全不需要陆地的补给。"鹦鹉螺"号潜艇内部有巨大的压缩空气储存柜，因此可以连续在海底潜行数月而无须浮出海面。凡尔纳构想的"鹦鹉螺"号潜艇，完全超越了当时的科技水平。

在凡尔纳所处的时代，对潜艇的研制仍处于起步阶段，人类对于潜水器的研究更是还没开始。直至 1894 年，意大利一位叫波佐的工程师开始思考潜入深海的问题。他认为，要克服深海中的压力，圆球形的潜艇是最理想的选择。因为圆球在任何一个方向上所承受的压强都是相等的，所以它是物体受挤压时最理想的形状。

之后，波佐造出一个空心金属球，并成功地使它下潜到 165 米深的海底。波佐的设计思想得到了许多潜艇制造者的认可，他们提出了各种各样的建造方案，并将这种能耐高压的圆球形容器称为"深潜球"或"潜水球"。

在之后的几十年里，不断有研究者为研究"深潜球"努力着。

探索深蓝的海洋科技

载人潜水器

潜水器的分类 ▶▶▶

    潜水器是一种能在深海进行水下作业的潜水设备。它的主要用途是执行海洋资源勘探与开发、打捞沉船、军事侦察、扫雷、布雷等任务，甚至还可以作为潜水员的水下作业基地！

    也正因为其有着不同的功能和前进方式，所以科学家在对潜水器进行分类时，

有缆遥控潜水器

采用了多种方式，例如，"载人"和"无人"、"有缆"和"无缆"、"军用"和"民用"、"自治"和"遥控"。

在众多潜水器的分类方式中，"是否载人"和"有无电缆"成为我们最常见的潜水器分类标准。其中，按照"是否载人"，潜水器被分为载人潜水器 (HOV) 和无人潜水器 (UUV) 两大类。而在无人潜水器中，又根据"有无电缆"分为有缆遥控潜水器 (ROV) 和无缆自治式潜水器 (AUV) 两类。

无缆自治式潜水器

探索深蓝的海洋科技

载人潜水器

载人潜水器最大的特点和优势就是可载人进入深海。潜航员对载人潜水器进行直接控制，能迅速判定水下情况，灵活地处理潜水器在海底遇到的特殊情况和突发状况。目前载人潜水器主要用于海洋油气开发，同时因为具有人员操作的灵活性，也多用于援救失事潜艇等复杂的水下作业任务。

截至目前，在一些重大的科学发现中经常可以看到载人潜水器的身影。

我们所熟知的法国的"鹦鹉螺"号，日本的"深海6500"号，美国的"阿尔文"号，俄罗斯的"和平1"号、"和平2"号，还有我国的"蛟龙"号，都是优秀的载人潜水器。

最值得我们骄傲的是，我国研制的"蛟龙"号载人潜水器，以7 000米的作业水深，成为当时世界上下潜深度最大的载人潜水器。但"蛟龙"号载人潜水器的许多关键部件依靠进口，国产率较低。2017年10月，4 500米级载人潜水器"深海勇士"号的研制完成弥补了这一缺陷，其国产率达到90%以上。"深海勇士"号的浮力材料、机械手、载人舱、水声通信系统、锂电池等都是我国自主研制的，大大提高了国产化程度，为我国未来的全海深科考打下了坚实的基础。

载人潜水器作为国之重器已成为深海装备研究的热点之一，是海洋技术开发的前沿与制高点之一，体现着一个国家的综合科技实力。

"蛟龙"号载人潜水器（赵建东 摄）

乘坐"蛟龙"号载人潜水器的科学家

无人潜水器

有缆遥控潜水器

有缆遥控潜水器，作为无人潜水器的一种，是能够模仿人进行某些活动的自动机械，能够代替人类进行水下工作。有缆遥控潜水器最大的特点，就是用电缆把潜水器与母船连接在一起，母船通过连接的电缆传输动力并且远程遥控潜水器。有缆遥控潜水器在海洋调查、海洋石油开发、救捞等方面发挥了较大的作用。

这种潜水器在水下探索时，是由操作员在母船上控制和监视的。母船通过电缆向潜水器提供动力，发出操作指令，潜水器则将自己"看到"的海底信息，通过电缆传回母船。

最具代表性的有缆遥控潜水器，如日本万米级有缆遥控潜水器"海沟"号，曾进入水深 10 911.4 米的马里亚纳海沟深处，创造了世界深潜纪录。还有"海龙 2"号有缆遥控潜水器，是我国自主研制的水下机器人，能在 3 500 米水深、海底高温和复杂地形的特殊环境下开

有缆遥控潜水器

展海洋调查和作业。"海龙2"号潜水器在国际上首次采用了虚拟控制系统和动力定位系统等我国自主研发的先进技术，是我国潜水科技发展的创新性成果。

特别值得注意的是，有缆遥控潜水器还有一个高科技特色——操纵控制系统多采用大容量计算机。用大容量计算机控制潜水器和处理资料，与人工相比更加精确，还缩短了发送指令的时间，让潜水器在水下能更加及时、快速地接收母船的"命令"。

无缆自治式潜水器

无缆自治式潜水器，顾名思义，是不需要电缆连接就可以自主进行水下航行、水下探测的潜水器，多用于探测、清除海域的水雷障碍，以避免不必要的人员伤亡。

法国的"逆戟鲸"号潜水器是世界上较早研发制造的无缆自治式潜水器。"逆戟鲸"号潜水器先后完成了包括太平洋海底锰结核调查、海底峡谷调查、太平洋和地中海海底电缆事故调查、洋中脊调查等重大课题任务在内的130多次深潜作业。

无缆自治式潜水器 1

无缆自治式潜水器 2

日本的"浦岛"号潜水器同样是无缆自治式潜水器。"浦岛"号潜水器可以搭载各种探测仪器，最大作业深度为3 500 米。因为没有了与母船之间电缆的限制，"浦岛"号潜水器的下潜以及对深海的探索也更加自由。

探索深蓝的海洋科技

深海潜水球

国外潜水器发展史 ▶▶▶

为了探索地球上的"蓝色土地",许多国家将研制潜水器作为深海科技领域的重要研究内容。其中,美国、法国、日本、俄罗斯因为研究起步早、科技发达等原因,成为潜水器领域的佼佼者。

让我们一起来看看美国、法国、日本、俄罗斯在潜水器领域是如何一步步发展的,一起去了解这背后的历史。

美国潜水器发展历史

美国,是较早研制潜水器的国家之一。载人潜水器始祖——贝比和巴顿的深海潜水球便诞生于美国。

初步发展

深海潜水球

意大利工程师波佐提出并实践了深入海洋的构想,制造出深潜球,使得人类探索海洋的梦想成为现实。而最早真正实现载人深潜的是美国的贝比和巴顿合作完成的深海潜水球。

这个深海潜水球由铸铁制成,壁厚为3.2厘米,直径为1.37米。深海潜水球里备有自供氧气筒,而人呼吸出来的湿气和二

贝比和巴顿以及他们的深海潜水球

深海潜水球

氧化碳分别由氯化钙和碱石灰吸收。

　　深海潜水球被悬挂在一根 1 068 米长、直径 2 厘米粗的铁索上，利用滑轮和索具将它慢慢放入水中。铁索上还缠绕着电话线和电线，为水下的潜水者提供通信工具和电源。当然，也要靠铁索把潜水球拉上来。

　　1930 年 6 月 6 日，深海潜水球进行了第一次试潜，到达水深 244 米处，这是当时人类所能到达的海洋最深处。之后几年，贝比和巴顿利用深海潜水球共下潜了 16 次。1932 年 9 月 22 日，通过无线电实况转播，贝比和巴顿向美国广大听众展示了他们的潜水探险。1934 年 8 月 15 日，贝比和巴顿再一次乘坐深海潜水球，在大西洋百慕大海域下潜到水深 923 米处。这是他们一起创造的最深潜水纪录，开启了人类了解深海、观察深海的新篇章。

　　虽然下潜深度不断突破，但深海潜水球有一个致命的缺点——没有自主运动的能力，它的升降主要靠滑轮和索具完成。随着下潜深度的增加，悬挂着深海潜水球的铁索将不断加长。沉重而粗大的铁索，在长度增加到一定限度时，就会因自身的重量而断裂，更不要说还要拉着一个沉重的铁球了。这大大限制了深海潜水球向海洋更深处迈进。

探索深蓝的海洋科技

"的里雅斯特"号潜水器

1948 年，瑞士科学家奥古斯特·皮卡德对贝比和巴顿的深海潜水球进行改进后，真正的潜水器终于研制成功了，它的名字叫"F.N.R.S. 2"号。

看到这里，你也许会问，瑞士科学家创造的"F.N.R.S. 2"号潜水器，似乎与美国"的里雅斯特"号没有任何关系。别着急，继续把故事听完。

"F.N.R.S. 2"号潜水器

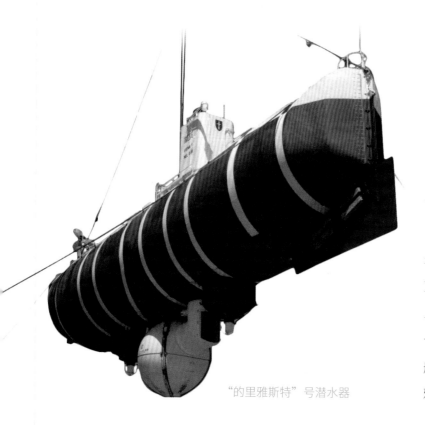

"的里雅斯特"号潜水器

1951 年，奥古斯特·皮卡德与儿子雅克·皮卡德应邀来到意大利港口城市的里雅斯特，开始设计建造他的第二艘潜水器。这艘潜水器的设计思路和"F.N.R.S. 2"号潜水器差不多，长 15.1 米，宽 3.5 米，可搭载两至三名科学家。皮卡德父子以所在城市之名将这艘潜水器命名为"的里雅斯特"号（Trieste）。

1953 年 8 月 28 日，皮卡德父子乘坐"的里雅斯特"号潜水器，毫不费力地下潜到了水深 1 080 米处。同年 9 月，皮卡德父子在地中海下潜到水深 3 150 米处，创造了人类深海潜水的新纪录。

1957 年，美国海军购买了"的里雅斯特"号潜水器，并邀请皮卡德父子到美国研制建造性能更优越的潜水器。经过几年的努力，皮卡德父子和美国海军合作建造的潜水器终于诞生了，它仍然被命名为"的里雅斯特"号。虽然新的"的里雅斯特"号潜水器的工作原理和皮卡德父子之前建造的潜水器是基本一样的，但其在材料、性能上有了很大的改进。

海军上尉唐·沃尔什与雅克·皮卡德搭乘新的"的里雅斯特"号潜水器

意大利的里雅斯特湾

探索深蓝的海洋科技

逐渐成熟

20世纪60年代之前研制的潜水器，大多仅用于观察海底，没有行进、作业的能力。同时，许多技术问题还有待解决，所以潜水器的发展也较为缓慢。从60年代开始，以美国"阿尔文"号（Alvin）为代表的第二代潜水器得到发展。这类潜水器带有动力系统，还配置了水下电视机、机械手等，不仅可以执行观察任务，还可以进行简单作业和海洋资源调查等任务。

"阿尔文"号潜水器

1964年6月5日，"阿尔文"号潜水器首次下水，开启了美国潜水器的辉煌时代。"阿尔文"号，作为世界上著名的载人潜水器，是20世纪60年代初根据机械师哈罗德的设计而建造的，至今仍服务于美国的伍兹霍尔海洋研究所。

"阿尔文"号潜水器采用的制作材料是金属钛。在有着巨大水压的深海海底，这个直径2米左右的钛金属设备，比之前的潜水器更加耐压。由于钛这一

"阿尔文"号潜水器

"泰坦尼克"号沉船

新的更坚固、更轻便材料的出现，"阿尔文"号潜水器甩掉了笨重的汽油浮力舱，它可以在水下更轻便、灵活地行动了。

在半个多世纪的服役生涯中，"阿尔文"号潜水器一共下潜了4 000多次，有着无数次的"高光时刻"！它帮助美国海军在1 000多米水深的海底找到了丢失的氢弹；还"勇敢"地潜到海底火山口附近勘测，给科学家带回许多珍贵的火山口的资料。1986年"阿尔文"号潜水器成功地参与了对"泰坦尼克"号沉船的搜寻和考察，因此登上了美国《时代》周刊的封面，成为潜水器界的明星。

"阿尔文"号潜水器作为美国潜水器界的"元老"，美国对其的维护和升级也非常重视。美国会对"阿尔文"号潜水器进行定期维护和翻修。截至"阿尔文"号潜水器建成30周年（即1994年），其所有部件都被更换过。"阿尔文"号潜水器展现了载人潜水器在科学研究中的价值，改变了人们对海洋的观念和看法。

探索深蓝的海洋科技

"海崖"号潜水器

为了探索更深的海底，1968年，美国海军研制了"海崖"号（Sea Cliff）潜水器。

与"阿尔文"号潜水器不同的是，"海崖"号潜水器的壳体采用钛合金材料，具备了下潜至水深6 098米的能力，超越了当时的"阿尔文"号潜水器。

1998年"海崖"号潜水器完成其在美国海军的服役生涯，光荣退役。退役后的"海崖"号潜水器被转交给伍兹霍尔海洋研究所。其方位辨识声呐被安装在"阿尔文"号潜水器上；适应6 098米水深的耐压舱被伍兹霍尔海洋研究所等研究机构用于其他研究。

伍兹霍尔海洋研究所（WHOI）标志

近期水雷侦察系统

除载人潜水器之外，一直以来美国海军都很重视无人潜水器的研发。在军事应用中，无人潜水器可以执行远程通信中继、反潜警戒、水下侦察与监视、

由核潜艇携带，外形酷似鱼雷的潜水器

反水雷等一系列重要的军事支援任务，能使海军力量倍增，有着广泛而重要的军事用途，在未来海战中有不可替代的作用。

因此，美国于20世纪90年代就制订了发展无人潜水器的科技计划，提出了近期水雷侦察系统（NMRS）和远期水雷侦察系统（LMRS）两大研制计划。

1998年，近期水雷侦察系统作为攻击型核潜艇的制式装备正式服役。近期水雷侦察系统的外形为鱼雷状，直径为533毫米，总长为5 230毫米，放置于潜艇鱼雷舱内。近期水雷侦察系统改变了传统潜水器通过母船下潜和回收的方式，而是直接通过鱼雷发射管布放和回收。近期水雷侦察系统虽然小巧，但是执行任务时间可达到5小时，并且可将海底探测的全部数据回传至母船进行处理。

不过，根据美国官方消息，由于存在导航精度不足等性能上的问题，近期水雷侦察系统项目已经于2005年5月终止。

远期水雷侦察系统

20世纪90年代，与近期水雷侦察系统一同提出的还有远期水雷侦察系统。2005年，远期水雷侦察系统取代了近期水雷侦察系统继续为美国海军服务。

与近期水雷侦察系统相比，远期水雷侦察系统能探测水中和海底的目标，并且不需要操作员指令就能对水雷状目标进行分类。除了拥有更好的传感器之外，远期水雷侦察系统比近期水雷侦察系统的续航力更强。

但遗憾的是，由于远期水雷侦察系统需要预先编程，每次只能执行一种类

探索深蓝的海洋科技

"海神"号潜水器

型的任务，成本过高，因此美国于 2008 年终止了该项目的后续研发工作。

新型潜水器——混合型潜水器的研发

　　进入 21 世纪后，伍兹霍尔海洋研究所一直积极开发新型潜水器——混合型潜水器（HROV）。该类潜水器能在两种不同的模式下工作，既可以像无缆自治式潜水器那样进行大范围的探测和搜索，也可以通过直径小于 1 毫米的微细光纤执行传统有缆遥控潜水器近距离观察和采样的任务。

　　如"海神"号（Nereus）混合型潜水器，工作水深可达 11 000 米，可以在地球上任意深度的海域执行任务。它曾在 2009 年 5 月于马里亚纳海沟完成 10 902 米水深的下潜试验。令人惋惜的是，2014 年 5 月 10 日"海神"号潜水器在探索新西兰克马德克海沟时，因深海水压而解体。

法国潜水器发展历史

法国西临大西洋，在潜水器的研发与实验方面，有着得天独厚的优势。

法国的第一台潜水器"F.N.R.S. 2"号与美国的"的里雅斯特"号潜水器也颇有渊源。

载人潜水器的探索发展

"F.N.R.S. 2"号潜水器

在"的里雅斯特"号潜水器出现之前，一位潜水器界的前辈早已出世，它就是法国的"F.N.R.S. 2"号潜水器。

在1933年的芝加哥世界博览会上，瑞士科学家奥古斯特·皮卡德看到了贝比和巴顿的深海潜水球，同时也发现了悬挂铁索这一瓶颈。他开始思考如何能让潜水球自由升降。潜水球还是那个潜水球，只是要给它加个浮力舱。当然，像热气球那样用气体做浮力是不行的，于是奥古斯特·皮卡德想到了

奥古斯特·皮卡德

探索深蓝的海洋科技

用汽油，同体积的汽油比海水轻得多，只要用汽油做几个浮力舱和潜水球连在一起，就可以提供返回海面的足够浮力。这样，下沉的时候利用一些压载物可将潜水球沉到海底，等需要浮回海面的时候，抛掉压载物，潜水球就可以自动回到海面，因而不再需要那累赘的铁索了。

奥古斯特·皮卡德坚信自己的理论是正确的，他毫不动摇地投入了设计工作。图纸设计出来了，但第二次世界大战的爆发使潜水球的建造未能进行。直到1945年，奥古斯特·皮卡德才重新获得了工作的机会。在比利时国家科研基金的资助下，他花了3年时间完成了潜水器原型的建造。经过改进后，1948年，真正的潜水器终于建成了，它的名字叫"F.N.R.S. 2"号。

奥古斯特·皮卡德建造的第一艘潜水器"F.N.R.S. 2"号的球形舱室直径2米，壁厚9厘米，玻璃窗是用厚15厘米的有机玻璃制成的。根据计算，"F.N.R.S. 2"号潜水器可以承受1 600个大气压，这相当于水深16 000米处的水压。实际上，海洋并没有这么深。可见，就耐压性能来看，"F.N.R.S. 2"号潜水器可以抵达

"F.N.R.S. 2"号潜水器

海洋的任何一个地方。

1948年10月26日，"F.N.R.S. 2"号潜水试验开始了。奥古斯特·皮卡德和另一位教授参加了第一次下潜。这次下潜虽然只进行了25米，但事实证明，奥古斯特·皮卡德这个潜水器的原理是完全可行的！

不久之后，法国收购了"F.N.R.S. 2"号潜水器，潜水器的"国籍"就此变更为法国，将为法国的深海科研和探测服务。但潜水器的研制者奥古斯特·皮卡德与法国人的合作并不顺畅，于是，奥古斯特·皮卡德接受了前往意大利指导筹建潜水器"的里雅斯特"号的聘请。"的里雅斯特"号潜水器的设计思路和"F.N.R.S. 2"号潜水器差不多，因此，

"F.N.R.S. 2" 号潜水器

"F.N.R.S. 2"号潜水器可以算得上是"的里雅斯特"号的前辈。

"阿基米德"号与"西亚纳"号潜水器

有了"F.N.R.S. 2"号潜水器这位"元老"坐镇，法国成为继美国之后拥有潜水器的第二个国家，在深海探索和研发方面也走在了世界前列。

1973年8月2日，法国研制的载人潜水器"阿基米德"号（Archimède）首次下潜成功。"阿基米德"号主要用于渔业和海洋科学考察。与"阿基米德"号同时期的，还有"西亚纳"号（Cyana）潜水器，其潜水深度为3 000米。"西亚纳"号与"阿基米德"号配合，共同

"西亚纳"号潜水器

完成了大洋多金属结核区域、海沟、海底火山等的调查和沉船打捞任务等。

"SM97"号潜水器

在潜水器自主研发初步获得成功后，法国对载人潜水器的下潜深度进行了重点突破。

1984年，法国海洋开发研究院研制了"SM97"号载人潜水器。它是在总结"西亚纳"号潜水器十多年实践经验的基础上，经过改进设计而成的。由于该潜水器可下潜的深度为6 000米，能对世界上97%的海域进行考察，因此被命名为"SM97"号。

一般的载人潜水器只能载3人下潜，而"SM97"号潜水器可载5人下潜。"SM97"号重量轻，操纵简便，制造工艺先进。载人圆形球体操纵舱及各个密封箱均采用钛合金材料，使用密度小的泡沫

塑料作为浮力材料。它的流线型外形是按照流体力学设计的，能将在海底航行时的阻力减到最小。

俗话说，青出于蓝而胜于蓝。"SM97"号由"西亚纳"号潜水器改良而来，在制造工艺和基本性能上都大大优于"西亚纳"号潜水器，并接替了"阿基米德"号潜水器的工作，成为法国深海调查、作业的主要工具。

"鹦鹉螺"号潜水器

法国载人潜水器技术在不断的试验和实践中进步着，而"鹦鹉螺"号（Nautile）潜水器的出世，标志着其潜水器技术走向成熟。

"鹦鹉螺"号潜水器隶属于法国海洋开发研究院，是新一代 6 000 米级载人潜水器，由法国海洋开发研究院和法国海军联合设计制造，其设计初衷是可

探索深蓝的海洋科技

以在不同的深海区域进行基础科学研究。

1984年，"鹦鹉螺"号潜水器进行了第一次海试。1985年，在进行下潜测试时，"鹦鹉螺"号潜水器下潜到了6 600米水深的海底，并由此开启了作业之旅。它不仅在"泰坦尼克"号失事海域开展了116次下潜，进行了早期热液考察研究，而且完成了多金属结核区域、深海海底生态调查以及搜索沉船、有害废料等任务，法国航空公司航班失事时也执行过搜救任务。

1999年，法国海洋开发研究院开始使用新遥控潜水器"胜利者6000"号（Victor 6000）执行作业任务，由此，"鹦

"胜利者6000"号潜水器

鹉螺"号潜水器下潜次数下降至50次/年甚至更低。但法国海洋开发研究院并没有废弃"鹦鹉螺"号，而是每隔几年进行一次大修，以确保它各项性能良好。如2008年对"鹦鹉螺"号进行第四次大修时，换上了全新的电子操纵杆，加装了第二代静态式数字照相机和带硬盘的高清录像机。

无人潜水器的发展

法国在发展潜水器科技的前期，将重心放在了潜水器基础技术以及载人潜水器方面。取得一定成就之后，法国也开始兼顾无人潜水器的研制了。

"逆戟鲸"号潜水器

1980年，法国国家海洋开发中心开发了一台用于海底摄影和海底地形测量的无缆自治式潜水器"逆戟鲸"号（Epaulard）。这艘自治式潜水器可以潜到6 000米水深的海底，续航时间为8小时。它不仅可以传输画面，还可以将海底的声音传回母船。

"逆戟鲸"号潜水器先后进行过130多次深潜作业，完成了太平洋海底锰结核调查、海底峡谷调查、太平洋和地中海海底电缆事故调查、洋中脊调查等重大课题任务。

21世纪，无人潜水器发展计划

进入21世纪以后，法国潜水器的发展重点逐渐由载人潜水器转向无人潜水器，并制订了法国无人潜水器领域的发展计划。

2016年10月，法国泰雷兹公司在泛欧航展上展示了其大型无人潜水器的概念方案。该型无人潜水器被称为无人搜索系统（Autonomous Underwater & Surface System，AUSS），主要用于执行反潜、反水雷等战术任务，在和平时间还可完成海洋石油和天然气开采平台、石油天然气运输管路的巡检任务。

无人搜索系统

探索深蓝的海洋科技

该型无人潜水器采用头部稍尖的鱼雷形状，大大提高了水下的航行速度；同时降低了在水中的航行损耗，使其在水下可持续工作 14 天之久。其搭载多种传感器，可搜集声学、光学和无线电信号。船头还装有一根天线，必要时，该型无人潜水器可上浮至近水面，并调整船尾至与水面呈 90 度，将天线伸出水面，与卫星或其他水上平台进行数据传输和通信。

日本潜水器发展历史

日本依海而生，是一个四面临海的岛国。大海对日本人来说，不仅仅是故乡，更是赖以生存的地方。

凭借海洋的天然优势，明治维新时期，日本海军大学教官佐藤铁太郎提出"海主陆从"的观点，日本的海洋战略由此逐步形成。在这之后的 100 年里，日本对自己的认识逐步从"岛屿国家"转变为"海洋国家"。特别是从 20 世纪 60 年代起，日本科技界和产业界开发海洋的意识越来越强烈，海洋产业和海洋经济成为日本发展海洋事业的最初动力。

而且，对于日本来说，较之于匮乏的陆地资源，海洋更像是一座取之不尽的资源宝库。海洋不仅为日本百姓提供了大量食物来源，而且还有大量的矿物资源可供开发，有许多未知的生物资源

航拍日本一隅

等着去揭开它们的神秘面纱。但是，海洋也不是一直友好的，海啸、地震等给日本带来了难以想象的灾难。为了进一步促进对深海资源的研究和开发，弄清楚日本海沟的地质构造和深海地震的发生机制，更好地预知、防范海啸、地震等自然灾害，日本深海科技应运而生。

接下来，就让我们一起走进日本，了解一下日本的潜水器大家庭吧！

日本大地震后的景象

探索深蓝的海洋科技

日本海洋科学技术中心成立

古语有云：“工欲善其事，必先利其器。”

为了能为海洋科技研究提供良好的发展环境、资源和人才，20世纪70年代，日本海洋科学技术中心成立。该中心专门开展海洋研究，并以海洋技术研发等研究内容为主。

2004年，该中心更名为日本海洋科技中心 (JAMSTEC)，本部设在横须贺。日本海洋科技中心是日本深海科技研发的中坚力量。其每两年举行一次的 IEEE 潜水器国际会议，吸引了该领域众多专家和学者参加。日本对潜水器的研制和实践，也大多依靠日本海洋科技中心来实施。

日本横须贺

潜水器大家庭建立

20世纪80年代是日本对潜水器进行初步探索的阶段。日本海洋科学技术中心成立之后，政府希望其能对深海以及海洋微生物展开研究，因此海洋科学家们对潜水器的研发进行了一系列的探索。

日本最早研制的是载人潜水器和无人有缆遥控潜水器两种，并陆续研制成功了载人潜水器"深海2000"号（Shinkai 2000）和"深海6500"号（Shinkai 6500）、无人有缆遥控潜水器"海豚3K"号（Dolphin 3K）等。

载人潜水器——"深海家族"

从1977年至1981年，日本用了5年时间，研制成功了可以潜入海中2 000米水深进行海洋考察探测的载人潜水器"深海2000"号。"深海2000"号潜水器于1981年1月在日本三菱重工业公司神户造船厂下水，到7月进行了包括下潜到2 000米的各种试运转。

但是，"深海2000"号潜水器最终没有大规模应用于实际的海洋探测，这又是为什么呢？

原来，"深海2000"号潜水器主要被当作一个中间试验品。科学家们对它进行了大量的试验研究，解决了深海载人潜水器的一系列关键技术问题。比如，为了提高深海考察的效率，潜水器不能做得太大，在不断下潜的同时还要保持灵活，所以，潜水器必须尽量小型化和轻量化；为了使考察人员能够进行详细的调查，"深海2000"号潜水器配备了观测窗、水中探照灯、水中照相机和控制器等装置，如此一来，考察人员就可以在黑暗的海底得到准确清晰的图像了；为了让潜水器像鱼一样在深海之中活动，"深海2000"号潜水器采用了可以改变方向的螺旋桨、潜浮调整装置及平衡调整装置。也正是因为"深海2000"号潜水器打下的基础，才有了后

"深海2000"号潜水器

しんかい6500

"深海6500"号潜水器

来更加优秀的"深海6500"号潜水器！

20世纪80年代日本"深海家族"的第一次辉煌，当属"深海6500"号潜水器。

"深海6500"号潜水器由日本科学技术厅、日本海洋科学技术中心等共同研发，于1989年1月19日举行了下水仪式。1989年8月，"深海6500"号潜水器成功下潜到6 527米水深的海底，创下当时载人潜水器深潜的世界纪录，从而奠定了日本在深海研究方面的领先优势。

"深海6500"号潜水器长9.5米，重25吨，可载3名人员，能在水下持续工作6小时以上。其装备有当时最先进的成像声呐系统、摄影机、电视系统、机械手以及自动测量仪器，能对6 500米水深的海洋斜坡、大断层和地震、海啸等进行调查。"深海6500"号潜水器自服役以来，在太平洋、大西洋和印度洋等共下潜了1 300多次，是日本研究深海的"功臣"之一！

探索深蓝的海洋科技

无人有缆遥控潜水器——"海豚3K"号

1987年，无人有缆遥控潜水器"海豚3K"号诞生。"海豚3K"号潜水器是日本无人有缆遥控潜水器的鼻祖。

"海豚3K"号潜水器于1987年开始进行下潜试验，1988年正式投入使用，重约3.7吨，长3米，最深可下潜至水深3 300米处。"海豚3K"号服役期间，"兢兢业业"，共下潜了576次，出色地完成了任务，于2002年退役，目前被收藏于名古屋市科学馆中。

无人潜水器的新家族和新成员

经过 20 世纪 80 年代的发展，日本在载人潜水器方面有了"深海 6500"号这样优秀的深潜设备，于是在 90 年代日本逐渐将深潜科技的研发重心放在了无人有缆遥控潜水器的下潜深度上。为了能在世界范围内开展对海洋的全面考察和研究，日本制造了万米级无人潜水器"海沟"号、可以配合其他潜水器共同作业的"超级海豚"号。

"海沟"号潜水器

1993 年日本研制出可下潜至 11 000 米的无人有缆遥控潜水器"海沟"号（Kaiko）。"海沟"号潜水器长 3 米，重 5.4 吨。相比"深海 2000"号和"深海 6500"号，"海沟"号潜水器的结构要复杂得多，其主要由中继站和潜水器两部分组成。中继站不能自己移动，需要依靠母船的拖曳进行移动。

1995 年 3 月 24 日，"海沟"号潜水器经过三个半小时的"行进"到达马里亚纳海沟，这时测深表显示的水深值是 10 903.3 米，修正水深为 10 911.4 米，创造了新的世界深潜纪录。此后，"海

"海沟"号潜水器

沟"号潜水器多次潜入马里亚纳海沟。1996 年，"海沟"号潜水器第一次在万米水深处发现了海底细菌；确认了马里亚纳海沟断崖和水深 3 500 ~ 10 987 米的深海极端环境下的 6 种有孔虫；并在马里亚纳海沟底部发现了约 180 种微生物。可以说，"海沟"号潜水器为人类的深海探索作出了贡献。

探索深蓝的海洋科技

大家有所不知的是，"海沟"号潜水器最初的设计目的是用于日本载人潜水器"深海6500"号的配套任务，如进行海底预调查、船舶失事后的紧急救助工作。令人遗憾的是，让日本为之骄傲的"海沟"号潜水器，却于2003年在一次深海探测过程中因电缆断裂而不知去向。

"超级海豚"号潜水器

"海沟"号潜水器的失踪，对日本的深海科研来说，损失无法估量。

"超级海豚"号潜水器

1999年，"海豚3K"的后继型号——强作业型无人有缆遥控潜水器"超级海豚"号（Hyper Dolphin）在加拿大ISE公司完工。"超级海豚"号潜水器长3米，航速3海里/小时，潜水深度3000米，配备了超灵敏的高清摄像头以及可以在海底采样的两个机械手臂。2006年，"超级海豚"号潜水器与"深海6500"号潜水器联合下潜，在日本相模湾海域进行了深海生物调查工作。

"海沟7000 II"号潜水器

"海沟"号潜水器的失踪让日本海洋科学家为之扼腕。2006年，日本海洋科技中心新建了"海沟7000 II"号

（KAIKO 7000 Ⅱ）潜水器，以弥补日本在无人有缆遥控潜水器方面的不足。

"海沟7000Ⅱ"号潜水器长3米，宽2米，重3.9吨，下潜深度为7 000米，装备了温盐深仪、避撞声呐、重力仪、GPS定位系统等设备。"海沟7000Ⅱ"号潜水器是当时世界上下潜深度最大的无人有缆遥控潜水器，可对海底沉积物、海底生物进行采样，也可开展载人潜水器无法进行的深海调查。

无缆自治式潜水器研制成功

20世纪90年代末，日本一直尝试研制远程航行型无缆自治式潜水器。2000年，无缆自治式潜水器"浦岛"号（URASHIMA）研制成功，标志着日本潜水器技术达到了更高的水平。

"浦岛"号潜水器长10米，直径1.3

"浦岛"号潜水器

米，重 7.5 吨，可以搭载各种探测仪器，最大作业深度为 3 500 米。

"浦岛"号潜水器最大的特点就在于它有两套动力系统：一套为锂离子电池，一套为固体高分子电解质型燃料电池。以锂离子电池为动力源时其巡航距离为 100 千米，以燃料电池为动力源时其巡航距离则超过 300 千米。

2005 年 2 月 28 日，"浦岛"号潜水器创造了潜深 800 米，连续巡航 317 千米、56 小时的世界纪录，这在无缆自治式潜水器领域是一个很大的突破。

日本潜水器的未来

日本深海技术协会曾经结合日本未来深海科研的需要，于 20 世纪 60 年代提出了包括不同最大作业深度和巡航时间的"载人潜器研发计划"，分别对应不同的级别研发不同类型的潜水器，如 11 000 米（全海深）级别、6 500 米级别、4 500 米级别、2 000 米级别和 500 米级别。

11 000 米级别的是纯粹的载人潜水器。6 500 米级别的和 4 500 米级别的潜水器除了装备机械手以外，也能操控微型无人潜水器进行作业。2 000 米级别

"深海 12000"号潜水器概念设计图

的和 500 米级别的潜水器则作为水下作业系统的神经中枢，是多种潜水器和作业工具的基础，可以操控其他设备进行内容丰富的水下作业。

2015 年 2 月，日本海洋科技中心提出了建造"深海 12000"号潜水器的构想，希望建造世界上下潜深度最大的新型载人潜水器。日本科学家预想其作业深度可达 12 000 米，是继"海沟"号潜水器之后的又一万米级潜水器，可进行全海深海洋调查，也可继续推进对马里亚纳海沟的探索。

俄罗斯潜水器发展历史

俄罗斯北靠北冰洋，东临太平洋。大面积的海域优势，为俄罗斯发展海洋科技提供了优越的自然条件；加之俄罗斯一直将经济发展的重点放在重工业上，为潜水器的发展提供了有利的政策环境。

载人潜水器的发展

"和平 1"号、"和平 2"号潜水器

俄罗斯最有特色的潜水器，莫过于"双子"潜水器——"和平 1"号（MIR 1）与"和平 2"号（MIR 2）。

1987 年，苏联和芬兰联合研制的"和平 1"号与"和平 2"号潜水器开始进

"和平 1"号潜水器

"和平 2"号潜水器

行试潜。"和平 1"号潜水器成功潜到 6 170 米水深的海底，而"和平 2"号潜水器则潜到 6 120 米水深的海底。

"和平 1"号与"和平 2"号潜水

器是世界上仅有的两台用马氏体镍钢制造的球壳潜水器（前文提到，为了抗压强以及轻便，潜水器大多用钛合金材料制造），壁厚达 5 厘米，代表着潜水器的先进水平。

"双子"潜水器最大的特点是能源充足，可在水下停留 17 ~ 20 小时，还可搭载小型无人自治式潜水器进行水下作业。"双子"潜水器搭载在一艘母船上，可以实现协同作业或替换作业。如果在海底工作的潜水器被卡住了，就可以马上启动另一台潜水器赶到现场去解

"和平 2"号潜水器

救它。另外，还有一些研究项目和特殊任务，如为搜救沉船提供照明，也可受益于两台潜水器的协同使用。

"双子"潜水器广为世人所知，不仅仅是因为它们为俄罗斯的海洋科研工作作出了贡献，还因为它们被广泛地运用于海底观光和电影的水下拍摄。装在其左、右舷的视窗可向下或向前观察，很适合考察和摄像；中央观察窗也大大提高了操作员的视野。1997 年，其参加了电影《泰坦尼克号》的水下取景拍摄工作，电影中的很多镜头都是"和平 1"号和"和平 2"号以及其搭载的小型无人自治式潜水器拍摄的。

2009 年 8 月，俄罗斯总统普京搭乘"和平 1"号潜水器，潜到贝加尔湖 1 400 米水深的湖底考察可燃冰。

"和平 1"号与"和平 2"号潜水器，

"双子"潜水器在海底采集样品

因这些绝无仅有的经历，成为潜水器界独一无二的存在。

"罗斯"号潜水器和"领事"号潜水器

20 世纪 90 年代末，俄罗斯又研制了两艘 6 000 米级载人潜水器——"罗斯"号（RUS）和"领事"号（Consul）。这两艘潜水器均由蓝宝石设计局设计。但由于经费问题，"领事"号潜水器的工期被拖延。直至 2011 年，"领事"号潜水器才建造完成，并完成了搭载水下作业人员在北大西洋 6 270 米预定深度的测试任务，下潜深度超过"双子"潜水器。海试结束后，"领事"号潜水器交付俄罗斯海军使用。

"罗斯"号潜水器是俄罗斯专家在分析世界上现有的载人潜水器，如"阿尔文"号、"鹦鹉螺"号、"深海6500"号之后，总结技术上的利弊而研制出的 6 000 米级载人潜水器。"罗斯"号潜水器具有先进的自动驾驶系统，能自动接收导航系统提供的参数，沿设定路径自主航行。它的特点是耐压球壳内空间大，潜水器的机动性好，具有动态载荷调整能力。

无人潜水器的发展与未来

"海狮"号潜水器

苏联于 20 世纪 70 年代就开始了对无人有缆遥控潜水器的研制工作，尽管"冷战"期间受到西方技术封锁，缺少先进的技术设备，但在无人有缆潜水器的研制方面仍然取得了一定的成绩并积累了丰富的经验。

无人有缆遥控潜水器"海狮"号（SEALION），最大下潜深度为 6 000 米，在深水中有 6 ~ 8 小时的续航能力，主要用于深海搜索和调查。"海狮"是该潜水器的商用名，在俄罗斯它还有另外一个更为大众熟知的名字"MT-88"。"MT-88"潜水器曾多次下潜到太平洋 5 200 米水深的大洋盆地，对多金属结核矿区进行勘查，为俄罗斯海底矿产的研究与开采作出了不小的贡献。

重型无人潜水器研制计划

2017 年 7 月，互联网上披露了名为"Cephalopod"的俄罗斯海军重型无人潜水器概念方案图像。由于俄罗斯军方公布的信息较少，只能通过有限的信息对其进行分析。

这一潜水器，采用回转体流线型水动力外形，船尾上方的稳定翼较高，在稳定翼的顶部布置有无线电天线装置。根据鱼雷尺寸推测，该重型无人潜水器的总长约为 10 米，排水量约为 18 吨，续航力较强。

除此之外，2018 年 5 月，俄罗斯海军开始对第二代重型无人潜水器"大键琴"号（Harpsichord）进行海试。其长约 7 米，重约 4 吨，下潜深度可达 6 000 米。"大键琴"重型无人潜水器配备侧扫声呐、电磁传感器和摄像机等设备，可执行情报监视和侦察、海底成像、海底扫描、海洋科考等任务，兼顾军用和民用。

融入深蓝的
中国步伐

"三万里河东入海，五千仞岳上摩天。"

从古至今，我国人民就对蔚蓝的海洋充满着好奇。

如今，我国在深海高技术装备研发方面取得重大突破，"可下五洋捉鳖"的梦想成为现实。

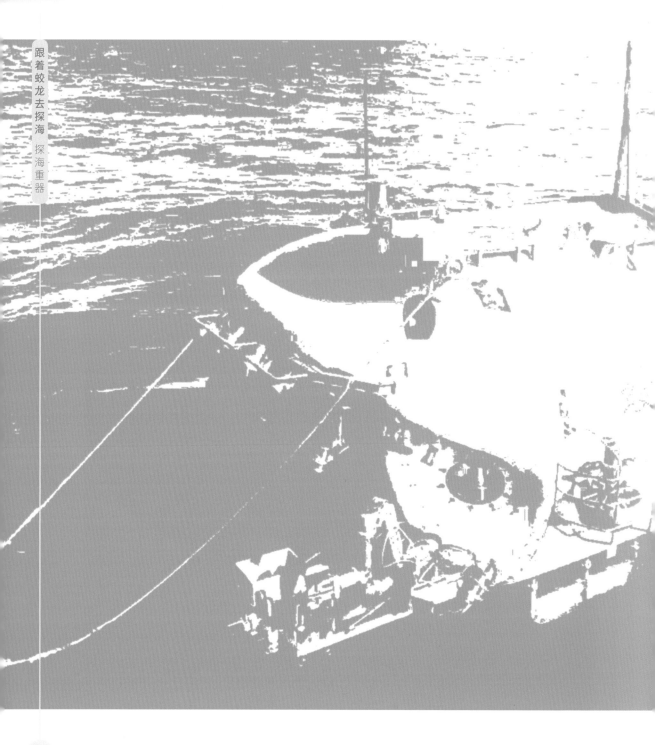

中国潜水器发展历史 ▶▶▶

初步探索，全面研发

我国从 20 世纪 60 年代中期开始对潜水器进行探索性研究，70 年代研制出了拖曳式潜水器。70 年代末 80 年代初，随着工业机器人技术的发展以及对海底资源需求的日益增强，我国也进一步开展了对潜水器的研制工作。

科技发展离不开国家的支持，潜水器科技的发展尤是如此。

"七五"期间，潜水器产品开发被列入国家重点攻关任务。1986 年，面对世界范围内高技术蓬勃发展、国际竞争日趋激烈的严峻挑战，我国启动实施了"高技术研究发展计划"，简称"863 计划"。"863 计划"作为我国高技术研究发展的战略性计划，有力地促进了我国高技术及其产业发展。该计划将生物技术、航天技术、信息技术、激光技术、自动化技术、能源技术和新材料 7 个领域作为我国高技术研究与开发的重点。1996 年，该计划又将海洋高技术列为第八个领域。

此后，在国家政策的支持下，我国海洋科技飞速发展，成为继美国、法国、日本、俄罗斯之后又一拥有先进海洋科技的国家。

"863 计划"标志

"海人1"号潜水器

1985年12月，我国第一台无人有缆遥控潜水器"海人1"号（HR 01）首航成功。其主要特点是机械手有力感和触觉，是当时世界上较先进的无人有缆遥控潜水器。

与别国首先研制载人潜水器有所不同，我国最先研制出的"海人1"号是无人有缆遥控潜水器。之后，在"海人1"号潜水器基础上，我国先后研制出RECON-Ⅳ-300-SIA的01、02、03型无人遥控潜水器。这些潜水器装有多功能主从机械手，能进行洗、磨、割、爆破等工作。

"海人1"号潜水器

无人无缆自治式潜水器研发计划

在研制出无人有缆遥控潜水器"海人1"号之后，我国将目光转向了无人无缆自治式潜水器的研发。可是，该如何研制，又该从哪里入手呢？

1987年，国家人工智能专家组提出了研制一台无人无缆自治式潜水器"试验床"作为中国无人无缆自治式潜水器技术开发的关键性起步的建议，并且把这一计划列入了"863计划"。

1988年，研究者们针对正在设计的1 000米级无人无缆自治式潜水器，提出了一个三阶段研究计划：1990年开始的第一阶段，设计出能够初步执行预编程水下作业使命的潜水器。1992年开始的第二阶段，将设计出短距离无人无缆自治式潜水器，其潜深可达6 000米且能以自主方式执行局部作业使命。1995年开始的第三阶段，将开发出长距离无人无缆自治式潜水器，其可潜入浅水或中等水深水域以自主方式执行长距离、大范围的水下作业使命。

就这样，科学家们在该计划的引领下，朝着研制无人无缆自治式潜水器的目标不断努力。

缩小差距，技术先进

20 世纪的最后 10 年，是我国潜水器科技逐渐走向成熟的 10 年，也是属于无人无缆自治式潜水器的 10 年。

这 10 年中，我国成功研制了第一台 1 000 米级无人无缆自治式潜水器"探索者"号和第一台 6 000 米级无人无缆自治式潜水器"CR 01"号。

"探索者"号潜水器

"探索者"号潜水器

"探索者"号潜水器于 1989 年年底由国家科委批准，1990 年完成初步设计。历经 4 年的研制，1994 年 11 月 10 日，我国第一台无人无缆自治式潜水器——"探索者"号研制成功。

"探索者"号是集搜索和调查功能于一体的自治式潜水器。经过多次海上试验，"探索者"号潜水器在主要技术性能方面达到了同时期国际先进水平，并在西沙群岛附近下潜至水深 1 000 米处，成功甩掉了与母船之间联系的电缆，实现了从有缆向无缆的飞跃，成为我国到达深海的先驱者。

母船

"CR 01"号潜水器

"探索者"号潜水器的成功，给了科学家们很大的信心，他们为研制更大下潜深度的潜水器继续努力。1992 年 6 月，中国机器人事业的开拓者蒋新松率领团队，开始研制 6 000 米级无人无缆自治式潜水器。

功夫不负有心人，1995 年，6 000 米级无人无缆自治式潜水器"CR 01"号问世。1995 年 10 月，"CR 01"号潜水器成功下潜到水深 5 300 米处，并收集了大量珍贵的海底生物和地形数据。

不仅如此，在 1995 年和 1997 年，"CR 01"号潜水器两次赴南太平洋参加中国大洋矿产资源研究开发协会（简称"中国大洋协会"）海底资源调查，获得重大成功。"CR 01"号潜水器这一达到世界先进水平的研究成果获得 1998 年国家科技进步一等奖！

"CR 01"号无人无缆自治式潜水器的研制成功，使我国潜水器的总体技术水平跻身于世界先进行列，成为世界上拥有 6 000 米级自治式潜水器的少数国家之一。

"CR 01"号潜水器

日新月异，百花齐放

21 世纪，有了经济、政策、人才等方面的支持，我国对潜水器的研究更是突飞猛进，日新月异。

无人无缆自治式潜水器进一步发展

20 世纪后期，我国把潜水器研发的重心放到了无人无缆自治式潜水器上，并且提出了"三步走"计划。21世纪初，我国延续该计划，继续提升无人无缆自治式潜水器的研制水准。

"CR 02"号潜水器

基于"CR 01"号潜水器良好的应用效果，为进一步适应我国对海底资源探测的需要，针对提高潜水器在海底复杂地形环境中的航行效果、对海底微地形进行测量等新的课题，1999 年我国科研人员开始着手 6 000 米级"CR 02"号无人无缆自治式潜水器的研制。

"CR 02"号潜水器除具有"CR 01"号的功能外，还具有更好的机动性能。"CR 02"号潜水器的推进器使用了许多新科技，提高了潜水器的可操纵

融入深蓝的中国步伐

性，使"CR 02"号潜水器在复杂海底安全航行的能力得到提高，避碰与爬坡的能力得到增强。最重要的是，科学家们还研制成功了新型测深侧扫声呐系统，使"CR 02"号潜水器不但能够进行海底地貌探测，甚至可以智能地将探测到的地貌信息转化为地理剖面图传回母船。

说起"CR 02"号潜水器，还得提一下青岛。"CR 02"号潜水器研制成功后在青岛海域进行了海上试验。青岛这座美丽的沿海城市，成为"CR 02"号潜水器的"第一见证人"。

"潜龙"三兄弟

深海海底蕴藏着丰富的矿产资源。研制深海资源勘查型无人无缆自治式潜水器，对提升我国深海资源开发的国际竞争力、提高我国深海资源开发利用的规模与水平具有重要意义。面对陆地、

青岛沿海风光

近海资源的日益枯竭和新一轮激烈的科技和产业竞争，在国家"863 计划"和中国大洋协会的支持下，中国科学院沈阳自动化研究所牵头研制了"潜龙"系列三型深海无人无缆自治式潜水器，工作水深为 4 500 ～ 6 000 米。

"潜龙一号"潜水器

外形酷似金枪鱼的"潜龙一号"潜水器，是我国自主研发的服务于深海资源勘查的实用化深海装备。"潜龙一号"潜水器的研制于 2011 年 11 月正式启动，2013 年 5 月海试成功；累计完成 7 次下潜，最大下潜深度 4 159 米，获得了大量有关海底地形地貌的探测数据，设备布放与回收成功率达 100%。

"潜龙一号"潜水器总设计师徐会希说，"潜龙一号"可以在水下完全自主控制、自主导航和自主监控。如果遇到危险，可通过抛载上浮实现自我保护。

"潜龙一号"潜水器海试团队

不仅如此，"潜龙一号"潜水器在试验期间，还成功尝试了在 4 级海况、夜间情况下的布放与回收，实现了"人不下艇"的安全回收。

"潜龙一号"潜水器，可以在水深 6 000 米处连续工作 24 小时。2013 年和 2014 年，"潜龙一号"潜水器两次跟随我国科考船"大洋一号"进行深海资源调查，积累了丰富的经验。

"潜龙一号"潜水器

"潜龙二号"潜水器

2015 年 12 月，在"潜龙一号"潜水器的基础上，针对多金属硫化物矿区的勘探需求，"潜龙二号"无人无缆自治式潜水器研制成功。"潜龙二号"潜水器的外形更像一条可爱的小丑鱼，集成了热液异常探测、磁力探测、微地形地貌测量和海底照相等技术手段，在机动性、避碰能力、快速三维地形地貌成图等方面都比"潜龙一号"潜水器有较大提升。

2016 年 1 月 12 日，"潜龙二号"潜水器正式投入使用，在水下完成了一系列深海考察任务（共计 9 个多小时），取得了丰富的第一手资料；2018 年 4 月 6 日，"潜龙二号"潜水器成功完成第 50 次下潜。"潜龙二号"投入使用后，获取了大量分布特征数据，发现了多处

"潜龙二号"潜水器

水中遨游的"潜龙三号"潜水器

热液异常点，为海底矿区资源评估奠定了基础。

"潜龙三号"潜水器

2018年4月，中国科学院沈阳自动化研究所推出功能更加齐备、国产率更高的"潜龙三号"潜水器。

"潜龙三号"潜水器顺利完成湖试

"潜龙三号"潜水器

与"潜龙一号"和"潜龙二号"潜水器相比，"潜龙三号"潜水器展现了更为出色的稳定性和可靠性，各项技术指标都有新的突破，具备微地貌测深侧扫声呐成图、温盐深剖面探测、甲烷探测、浊度探测、氧化还原电位探测、海底照相、三分量磁力探测热液异常探测等功能。"潜龙三号"潜水器以完成大洋多金属硫化物矿区的资源调查为主要任务。2018年5月，"潜龙三号"潜水器完成总计4个潜次的海试和试验性应用任务。海试中，"潜龙三号"潜水器在4 000米水深处连续工作近46小时，航程157千米，创下我国无人无缆自治式潜水器单潜次航程最远纪录。

无人有缆遥控潜水器走向成熟

"海龙"号潜水器

我国的无人无缆自治式潜水器蓬勃发展的同时，无人有缆遥控潜水器也不甘落后。

2009 年，我国下潜深度最大、功能最强的无人有缆遥控潜水器"海龙"号，在上海交通大学水下工程研究所朱继懋教授带领的科研团队努力下，成功应用于"大洋一号"科考船 21 航次第三航段的深海热液科考任务。

"海龙"号潜水器是我国自主研制的无人有缆遥控潜水器，高约 3.8 米，长、宽均为 1.8 米左右。"海龙"号潜水器最大的优势在于它的潜水深度和灵活性。"海龙"号潜水器是当时我国仅有的能在 3 500 米水深、海底高温和复杂地形等特殊环境下开展海洋调查和作业的高精技术装备。除了潜水深度之外，它的灵活性也是国内其他潜水器难以企及的。它可以自如地前进后退、上下运动和侧移，在水中进行移位勘探，从而获得丰富而翔实的第一手资料。同时，研究人员还在"海龙"号潜水器上首次尝试安装了我国拥有自主知识产权的动力定位系统，成功地解决了在海底的定位精度技术难题。

"海龙"号潜水器的研制成功，标志着我国遥控潜水器技术达到世界领先水平。

"海龙"号潜水器模型

"海马"号潜水器

　　"海龙"号潜水器的成功，坚定了科学家们进一步研究无人有缆遥控潜水器的信心。于是，"海"字号家族的第二位成员"海马"号诞生了。

　　"海马"号是我国自主研制的首台4 500 米级无人有缆遥控潜水器。2014

年 2 月 20 日至 4 月 22 日，"海马"号潜水器搭乘"海洋八号"综合科学考察船，分 3 个航段在南海进行海上试验，并顺利通过验收。

　　在 3 个航段的海试中，"海马"号潜水器共完成 17 次下潜，3 次到达南海中央海盆底部进行作业试验，最大下

"海马"号潜水器

融入深蓝的中国步伐

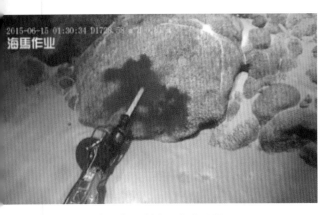

"海马"号潜水器作业现场

潜深度 4 502 米。经过近 6 年的研发，"海马"号实现了核心技术的国产化，攻克了本体结构、浮力材料、液压动力和推进、作业机械手和工具、导航定位、控制软硬件、升沉补偿装置等关键技术，先后完成了总装联调、水池试验和海上摸底试验等工作，并针对试验中暴露出的问题和故障进行了技术改进。"海马"号是我国当时国产化程度最高的无人有缆遥控潜水器，其国产率达 90% 以上。

载人潜水器初步发展

20 世纪 90 年代，在我国研制出无人潜水器的同时，载人潜水器也进入了科学家的视野。

1992 年，以中国船舶重工集团公司第七〇二研究所（简称"702 所"）为主，国内相关科研单位的多位院士、专家共同论证了我国 6 000 米级载人潜水器的可行性，并上报科技部，但由于缺少用户而未获批准立项。随着中国大洋协会在国际海底申请矿区获批，载人潜水器的应用领域、应用对象逐渐明晰。在作为业主的中国大洋协会直接推动下，2002 年，科技部将"7 000 米载人潜水器"列为"863 计划"重大专项，由国家海洋局负责组织，中国大洋协会具体实施。

"蛟龙"号载人潜水器

载人潜水器发展计划立项以后，科学家们开始了积极、深入的探索和研究。2009 年，"蛟龙"号载人潜水器研制成功，并开始了长达 4 年的深潜海试工作和随后的试验性航行任务，揭开了我国载人潜水器的历史篇章！

"蛟龙"号是我国第一台自行设计、自主集成研制的载人潜水器。从部件数量来看，"蛟龙"号载人潜水器的国产率已达到 58.6%。2012 年 6 月 25 日，"蛟

"蛟龙"号载人潜水器

龙"号载人潜水器在马里亚纳海沟试验海区创造了下潜 7 062 米的载人深潜纪录，也创造了当时世界上同类作业型潜水器的最大下潜深度纪录。这意味着我国具备了载人到达全球 99.8% 的海域进行作业的能力，标志着我国已跻身国际"深潜俱乐部"。

"蛟龙"号载人潜水器
的母船——"深海一号"

融入深蓝的中国步伐

"深海勇士"号载人潜水器

2017 年 6 月，702 所研发出可靠性更高的 4 500 米级"深海勇士"号载人潜水器。作为"大国重器"之一的"深海勇士"号载人潜水器，是我国第二台深海载人潜水器。

与"蛟龙"号载人潜水器相比，"深海勇士"号载人潜水器的最大突破是国产率达到 95%，成功实现了潜水器核心关键部件的全部国产化，降低了运行和维护成本。

"深海勇士"号载人潜水器的成功研制，标志着我国具备了海洋大深度技术领域的全面自主研发能力。

"深海勇士"号载人潜水器

"深海勇士"号载人潜水器

自治—遥控混合型无人潜水器的出现

2002 年，沈阳自动化研究所在国内首次提出了"自治—遥控混合型无人潜水器"的概念。自治—遥控混合型无人潜水器(Autonomous & Remotely-operated Vehicle，ARV) 是一种集无人无缆自治式潜水器和无人有缆遥控潜水器技术特点于一身的新概念潜水器。它通过光纤进行通信，自带电源，除去光纤可以作为无人无缆自治式潜水器使用，加上光纤又具有无人有缆遥控潜水器的遥控功能。自治—遥控混合型无人潜水器的出现可以使潜水器向着潜深更大、航行更远和更具智能化的方向发展，代表了深海潜水器的发展方向。

"北极"号潜水器

"北极"号潜水器在我国潜水器界是一种特殊的存在。它是我国第一艘自治—遥控混合型无人潜水器。

不仅如此，"北极"号潜水器的另一个特殊之处在于，它是专门为北极科考研制的。我们都知道，北极的大部分区域为冰雪所覆盖，因此，针对北极这一特殊情况，国家特地研制了"北极"号潜水器，以适应北极水温较低、水下环境特殊等情况。

2008 年 7 月，第一代"北极"号潜水器搭乘"雪龙"号科考船，跟随我国第三次北极科考队出征，在北纬84.6 度的地方开展了冰下调查，圆满完

"雪龙"号科考船

成了首秀。

2014年8月，第二代"北极"号潜水器搭乘"雪龙"号科考船踏上了我国第六次北极科考之旅，于8月18日至26日进行了冰下作业。在科考作业间隙，"北极"号潜水器对"雪龙"号的船底进行了详细拍摄，首次获得了"雪龙"号完整的冰下视频资料，为我国建造新型破冰船提供了第一手资料。

"北极"号潜水器能够连续多日在

"北极"号潜水器

冰下针对不同的水平断面进行观测，通过搭载的设备，获取了大量关于海冰位置、海冰厚度、海冰形态等的关键科学

融入深蓝的中国步伐

"海斗"号潜水器

"探索一号"科考船

数据，成功地实现了冰下多种测量设备同步观测，为深入研究北极海冰快速变化机制奠定了技术基础。

"海斗"号潜水器

2014 年 4 月，在"海斗深渊"科考计划的支持下，万米级自治—遥控混

合型无人潜水器"海斗"号的研制工作
启动，并于2015年9月完成首次浅海
试验。2015年12月2日，"海斗"号

潜水器在南海海试中成功突破2 700米
水深，并拍摄到了海底生物的视频和
照片。

融入深蓝的中国步伐

"海斗"号潜水器科考现场

2016 年 6 月，"海斗"号潜水器参与"探索一号"科考船马里亚纳海沟科考航次，下潜深度突破 1 万米，并成功获得了两条 9 000 米级（9 827 米和 9 740 米）和两条万米级（10 310 米和 10 767 米）水柱的温盐深数据。这是我国获得的第一批万米温盐深剖面数据，为研究海斗深渊水团特性的空间变化规律和深渊底层洋流结构等提供了宝贵的基础资料。

在短短的两年时间里，"海斗"号潜水器研制团队完成了多项关键技术攻关，开展了大量压力测试和模拟试验，先后进行了两次海试。正是因为有了这些前期的积累，才有了这次突破万米水深的辉煌。

10 767 米！这绝不仅仅是一个数字那么简单，它创造了我国无人潜水器的最大下潜及作业深度纪录，使我国成为继日、美两国之后第三个拥有研制万米级无人潜水器能力的国家。

展望中国潜水器的未来 ▶▶▶

龙腾四海——"龙"家族的振兴计划

"龙"是中华民族的象征，是中华民族的图腾。当"海龙"号、"蛟龙"号、"潜龙"系列相继展现出它们的本领之时，我国潜水器界"龙"家族的振兴计划就此缓缓展开。

海洋科学家们表示，在现有海洋科技发展的基础上，我国将继续推进"蛟龙"号、"海龙"号、"潜龙"系列大型装备体系和系统的升级改造试验以及应用工作。

最重要的计划是，大力推进"三龙"变"七龙"——在"三龙"基础上，增加深海钻探的"深龙"、深海开发的"鲲龙"、海洋数据云计算的"云龙"以及在海面进行支撑的"龙宫"，更好地推进大洋工作的可持续发展。

"深龙"可在深海底部进行钻探，获取海底岩石等样本资料，为进一步研究洋盆的年龄和发育过程、地球内部构

"鲲龙 500"潜水器

"鲲龙 500"海试团队

造、生命演化等提供重要依据。

"鲲龙"主要用于深海矿产资源开发方面。

21世纪是一个大数据的时代。随

着潜水器功能的增多，它们从海洋中传回的数据也越来越多，靠人工分析数据，不但速度较慢，而且不够准确。而"云龙"可以担负海洋数据云计算的重任。潜水器将探测到的数据传回母船，"云龙"便能以最快的速度分析数据，并给出下一步工作指示，可大大减少工作人员的工作量，保障潜水器在海洋中工作的高效率。

"龙宫"泛指支撑深海装备海底作业的水面船舶和平台，其主要功能是为海底装备提供动力、向海底装备发出指令等。

临渊探险——万米级潜水器

"奋斗者"号潜水器

"奋斗者"号潜水器是我国万米级载人潜水器中浓墨重彩的一笔。它由"蛟

"奋斗者"号潜水器

龙"号、"深海勇士"号载人潜水器主要研发力量组成的科研团队进行研制，汲取了"蛟龙"号的精准可靠和"深海勇士"号的信息化、人机共融等优点，国产化程度更高，实用性更强，性能更优越，是我国海洋装备方面又一标志性成果。

"奋斗者"号潜水器重约36吨，看上去像一条颜色鲜艳的大鱼。"奋斗者"号潜水器在耐压结构设计及安全性评估、钛合金材料制备及焊接、浮力材料研制与加工、声学通信定位、智能控制技术、锂离子电池、海水泵、作业机械手等多方面实现了重大技术突破。

2020年10月10日，"奋斗者"号潜水器赴马里亚纳海沟开展万米海试，成功完成了13次下潜，其中8次突破1万米水深。2020年11月10日，"奋斗者"号潜水器在马里亚纳海沟下潜至10 909米水深的海底，并成功坐底，不仅刷新了我国载人深潜的纪录，而且在全球首次实现了万米洋底4K电视信号直播。

"海龙11000"号潜水器

2018年9月10日，正在执行中国大洋科考第48航次任务的"大洋一号"科考船，搭载着我国自主研发的深海装备"海龙11000"号无人有缆遥控潜水器，在西北太平洋海山区完成6 000米级大深度试验潜次，最大下潜深度为5 630米，创造了我国无人有缆遥控潜水器的深潜纪录。

"海龙11000"号潜水器

"海龙 11000"号是由上海交通大学教授葛彤带领团队研制的万米级深海无人有缆遥控潜水器，设计最大作业深度为 11 000 米。

"彩虹鱼"号潜水器

2013 年，上海海洋大学成立深渊科学技术研究中心，同时启动了 11 000 米全海深载人潜水器研制项目——"彩虹鱼"号。

7 000 米载人潜水器"蛟龙"号第一副总设计师、获中央授予"载人深潜英雄"称号的崔维成，成为我国首个万米级载人潜水器"彩虹鱼"号的总设计师。

崔维成说，打造"彩虹鱼"号潜水器分三个步骤：首先，制造出一个无人潜水器着陆器的样机，去南海完

"彩虹鱼"号潜水器

成 4 000 米海试；其次，设计 11 000 米无人潜水器和 3 台可作业的着陆器，完成马里亚纳海沟的海试；最后，造出 11 000 米全海深载人潜水器。

2015 年，搭载"彩虹鱼"号潜水器完成 4 000 米海试的"沈括"号科考船

蛟龙探海

　　"海底蛟龙睡初起，欲嘘未嘘欲舞未舞深潜藏。"

　　"蛟龙"号载人潜水器历尽艰辛，横空出世，从此开启了在远洋深海的探索之旅。海洋深沉、神秘，蕴藏着无数宝藏，等待着"蛟龙"号去探索、发现。

"蛟龙"号载人潜水器

"蛟龙"身世 ▶▶▶

　　你听说过蛟龙吗？蛟龙是我国古代传说中"布雨腾云天上行"的神异生物，能够上天入海、呼风唤雨。

　　你听说过"蛟龙"号吗？"蛟龙"号是我国自行设计、自主集成研制的一艘大深度载人潜水器。2012 年"蛟龙"号载人潜水器在马里亚纳海沟下潜至水深

7 062 米处，创造了世界同类作业型潜水器最大下潜深度纪录。它可在全球 99.8% 的海域尽情探索，纵横驰骋。

"蛟龙"号载人潜水器的研制酝酿于 1992 年，开始于 2002 年，成功于 2009 年，研制过程中有很多不为人知的故事。

前情曲折，长路漫漫

广阔无垠的海洋有着丰富的矿物资源、生物资源，资源储量比陆地多得多。全球海洋面积约为 3.6 亿平方千米，占地球表面积的 71%，其中有 2.57 亿平方千米的国际海底不属于任何国家管辖。这片广阔的海洋就像一个美味的"蛋糕"，每个国家都希望能够抢到先切"蛋糕"的机会。要想切"蛋糕"，必须要有能够穿透几千米水深的海水到达海底的技术和设备，否则只能"望洋兴叹"。"蛟龙"号载人潜水器的诞生，首先源自国家开发海底资源的需求。但"蛟龙"号的诞生并非一帆风顺，而是经历了一个漫长曲折的过程，是一个情节跌宕起伏的故事。这个故事要从 1990 年中国大洋协会的成立开始讲起。

1990 年，为了维护我国在海底资源开发方面的权益，中国大洋协会成立。1991 年，联合国国际海底管理局和国际海洋法法庭筹备委员会将 15 万平方千米的矿区分配给中国，中国成为既日本、法国等之后第五个国际海底开发先驱者。这就相当于拿到了开发国际海底资源的许可证，有资格去切这个"蛋糕"了。

1992 年，702 所的科研人员率先提出了要研制大深度载人潜水器。当时拟定

的最大下潜深度仅仅是 4 000 米，但这对当时的中国来说也难如登天。首先受当时国情限制，再加上大多数人认为无人潜水器用于海底探测已经足够了，没必要再研制大深度载人潜水器，而且 4 000 米的载人下潜深度简直是"天方夜谭"……出于以上种种原因，这个提议被搁置了，一放就是 10 年。

10 年，足够一棵小树长成大树，足够一个婴孩成为少年。在这 10 年里，很多国家认识到海洋的价值，海洋资源开发的竞争愈演愈烈，大家争先恐后地想从海洋中获得更多的资源。

中国大洋协会在取得 15 万平方千米开辟区之后陆续放弃了 7.5 万平方千米相对较差的矿区，最终保留了 7.5 万平方千米相对优质的多金属结核矿区。2001 年 5 月，中国大洋协会与联合国国际海底管理局在北京签订了《国际海底多金属结核资源勘探合同》，以法律形式明确了我国对 7.5 万平方千米合同区内的多金属结核具有专属勘探权和优先商业开采权。之后几年，我国又拥有了位于太平洋、印度洋总计约 16 万平方千米的 4 块专属勘探区。这意味着开发国际海底资源的大门已经向我们打开，丰富的矿物资源、生物资源等待我们去发现。然而，当时我国并没有能够进行探测的高精尖深海技术设备，这就如同拥有了一屋子珍宝，却没有钥匙，不得其门而入。此时，我国科学家逐渐意识到：我们也必须研制大深度载人潜水器了，再不研制就晚了！

蛟龙探海

酝酿两载，蛟龙"准生"

2001 年年初，我国的一些科学家开始讨论要不要研制大深度载人潜水器、应该研制多大深度的载人潜水器、研制过程需不需要与国外合作等问题。

对于要不要研制的问题，已经没有第二个答案——必须要研制，而且要尽快研制。可是对于应该研制多大深度的载人潜水器，科学家们有着不同的观点。有人认为，海洋的平均水深不超过 5 000 米，丰富的海洋资源也主要集中在 4 500 米以浅的海底，那我们研制 4 500 米级的载人潜水器就足够了，技术难度小一些，材料要求也相对低一些，更容易实现，也更安全。

但另外一些人认为，目前世界上载人潜水器的最大下潜深度为 6 500 米，我们为什么不干脆研制 7 000 米级的载人潜水器呢？ 7 000 米级载人潜水器可以探测世界上 99.8% 的海域，而且这个深度在未来几十年也不会落后。

根据当时国家的综合国力，再采用合理的技术路线，我国科学家有能力站在巨人的肩膀上攀登科学高峰，为全世界的深海事业作出贡献，于是，7 000 米就成了我国载人深潜的目标。

确定了要研制 7 000 米载人潜水器，还有一个大问题要解决：要不要与国外合作。与国外合作的优、缺点很明显，优点是节省时间、节省金钱，缺点是不能完全享有自主权。

俗话说得好，站在巨人的肩膀上才能看得远。科学家们考虑到如果所有的部件都依靠我们自己开发，需要花费很长时间和很多经费，既然这样，不如就采用自主设计、集成创新的技术路线，即从国外引进部分部件，在此基础上进行集成创新，既节省了时间和金钱，又解决了材料问题。

2001年年底，科技部通过了《7 000米载人潜水器总体设计方案论证报告》。2002年6月，国家高技术研究发展计划"7 000米载人潜水器"重大专项批准设立，并且确定了国家海洋局为这一专项的组织部门，中国大洋协会为业主，702所等研发单位为研发骨干力量。这意味着酝酿了近两年的7 000米级载人潜水器的"准生证"终于发下来了。

此时距离1992年第一次提出要研制大深度载人潜水器已经过去了10年。

在确定研制7 000米载人潜水器之前，我国的载人潜水器下潜深度只有600米，这一下子就把下潜深度确定为7 000米，两者之间的差距，就像是小

"蛟龙"号载人潜水器

山包和珠穆朗玛峰之间的差距一样大，可以想象，这将会是一条多么艰难又曲折的研发之路。在这条路上，无数科学家付出了心血和努力。

其中，不得不提"蛟龙"号载人潜水器的总设计师——徐芑南院士。徐芑南院士曾是702所的一名研究员，在1992年就提议过研制大深度载人潜水器。尽管当时这个提议没有被重视，但研制大深度载人潜水器成为他的夙愿。"7 000米载人潜水器"一立项，大家就想到了徐芑南院士。可那时徐芑南院士已经66岁了，退休6年的他疾病缠身，正在美国儿子的家中休养。考虑到父亲的身体情况，徐芑南院士的儿子、儿媳

徐芑南院士

坚决反对他接下这份工作。徐芑南院士有些犹豫，但最终老伴的一句话帮他下定了决心。老伴对他说："你去做吧，不让你去做，你会生病的。"就这样，徐芑南院士放弃了安逸的退休生活，带领研究团队投入 7 000 米载人潜水器的研制中，兢兢业业，忙忙碌碌，眨眼就是 10 个春秋。

除了徐芑南院士外，还有 702 所、中国科学院声学研究所、中国科学院沈阳自动化研究所等 100 多家科研机构、院校和企业为 7 000 米载人潜水器的成功研制付出了努力，这是一件积聚众人之力而做成的大事。

设计成型，硕果累累

在说 7 000 米载人潜水器的研制过程之前，先得介绍一下它的组成。7 000 米载人潜水器由四大系统组成：载人潜水器本体系统、水面支持系统、潜航员系统和应用系统。其中，载人潜水器本体系统非常复杂，包含潜水器总体性能与总布置、舾装、载体结构、压载与纵倾调节、推进、液压与作业工具、生命支持、潜浮与应急抛载等十几个子系统。

研制载人潜水器，材料是首先需要解决的问题。想要下潜到深海，压力是最大的挑战。在 7 000 米深的海底，每平方米承受的压力能达到 7 000 吨，一般的材料根本扛不住。那应该用什么材料来制作潜水器的外壳以保证它不被压扁呢？科学家们想到了耐高压、耐腐蚀、密度低、强度高的钛合金材料。可当时我国的钛合金冶炼和加工技术工艺尚不过关，生产的钛合金材料达不到下潜深海的要求，所以，科学家们决定与其他国家合作，即由我国来提供耐压球壳的设计图纸，由俄罗斯的研究院负责加工制造。

7 000 米载人潜水器复杂的内部结构

蛟龙探海

但是，解决了载人球壳的材料只是第一步，要知道，载人潜水器是无动力浮潜的，它不仅要能潜入深深的海底，还得能浮上来，这就需要优质的浮力材料。浮力材料也需要进口，经过多方比对考察，最终决定进口美国一家公司生产的材料。

这里也发生了一个小插曲。原本我国想要进口的浮力材料是高性能的，但美国政府却不允许把这种高性能材料出口到我国，无奈之下科学家们只好退而求其次——进口低一等级的材料。可是性能降低了，同样的情况下就达不到浮力要求，这就意味着必须增加材料体积才能提供足够的浮力，保证潜水器的正常上浮。材料体积增加了，就得重新设计载人潜水器图纸。没办法，国情所限，科学家们只能咬着牙一步步克服这些困难。

以上也只是万里长征的第一步，在研制7 000米载人潜水器的过程中，还有很多艰难险阻在等待着科学家们。

下潜和上浮的材料解决之后，就需要我国科学家来进行研发创新了。

首先要做的是样机的研制和试验。这个过程就像是做积木、搭积木，先把一块一块积木制造出来，再按照图纸把它们搭好。7 000米载人潜水器是由很多个部件、很多个系统组成的，科学家们需要先把各个部件、各个系统的样机制造出来，试验合格之后，再将所有的样机安装融合在一起。从2002年到2004年，科学家们的主要工作就是"造积木、搭积木"。

2002年到2003年，科学家们研制成功了载人潜水器的机械手、水密电缆切割装置样机、钛合金耐压样罐、压载

7 000米载人潜水器1∶1总布置模型

水箱系统样机、爆炸螺栓样机、载人潜水器1：1总布置模型，并且通过了相关的试验。

机械手是载人潜水器上极其重要的一个部件，它就像人的手臂一样，可以模拟手和臂膀的部分动作。潜航员在舱内握住操纵杆，就能通过控制机械手来实现水下作业，比如抓一只海参、截一段珊瑚。

2004年是7000米载人潜水器科研成果大丰收的一年。先是水声通信样机研制成功并通过了试验，实现了载人潜水器和母船之间图像、文字、语音的传输，这是一个极大的技术突破。接着，载人潜水器生命支持系统样机研制完成并且通过了测试。如果把7000米载人潜水器比作一条龙，那么生命支持系统就像是龙的呼吸器官，它能够为潜航员提供氧气和生命支持。

2004年3月，7000米载人潜水器1：1钛合金框架模型制造成功；5月，可弃压载系统通过了试验，充油银锌蓄电池样机达到了设计要求；8月，高压海水截止阀和平衡阀样机、蓄电池箱补偿膜研制成功；9月，完成了载人潜水器航行控制核心算法研究；10月，搭建好了7000米载人潜水器控制系统的半物理仿真平台。

2004年，科学家们开始了预总装、初联调的工作，很快就要开始"搭积木"了。

安装调试五载过

安装调试的过程十分漫长，从开始预总装到确定海上试验，花了5年时间。

2005年，7000米载人潜水器的控制系统、钻结壳取芯器通过了专家的审查。与此同时，委托国外加工的部件也陆陆续续到达了上海海关。不过，这些部件从运抵上海到全部提货用了18个月。为什么用时如此之久呢？因为进口的部件到达上海海关后需要有完税单才可以提货。可是项目经费紧张，一下子拿不出这么大笔数额的税款，无奈之下，这批部件就被搁置在上海了。后来经过各个部门协商，报到国务院被批准免税，这批部件才到达总装单位——702所，这时已经是2006年9月了。

2007年，专家检测确认，7000米载人潜水器的各个分系统都达到了进行

蛟龙探海

总装联调和水池试验的标准。

2008 年 3 月，7 000 米载人潜水器本体各个系统基本完成了水池试验，接下来就要进入海上试验阶段了。

但这一年，"蛟龙"入海被搁置了。在此之前，我国从未研制过大深度载人潜水器，在 7 000 米载人潜水器的研制过程中，各级相关机构都承受着巨大的压力，水池试验虽然完成了，但入海下潜却是更大的考验，万一在海中出现了严重的技术问题怎么办？思来想去，为了确保万无一失，国家海洋局决定暂缓海上试验。

经过将近一年的调查论证，2009

7 000 米载人潜水器系统总装联调现场

7 000 米载人潜水器正在进行水池试验

年 7 000 米载人潜水器充分做好了海上试验的准备。算一算，从预总装到确定海上试验的方案，已经过去了 5 年。

在 7 000 米载人潜水器研制的同时，还有一件十分重要的事情也在紧锣密鼓地进行中，那就是潜航员的培训。

7 000 米载人潜水器是一个重量为 21 吨的"小"家伙，有 7 个作用于不

小贴士

"蛟龙"号载人潜水器一开始并不叫"蛟龙"，2007 年组装完成后科学家们觉得应该给 7 000 米载人潜水器取个名字，想来想去给它取了个小名叫"潜龙一号"，认为这个名字很有传统文化色彩，所以之后大家都称它"潜龙"。后来这个名字被报到上级主管部门，主管部门认为正在建设和谐社会，不如叫它"和谐"号，于是"和谐"号这个名字沿用了好几年，直到 3 000 米海试的时候，7 000 米载人潜水器才被改名为"蛟龙"。

蛟龙探海

同方向的推进器、3个观察窗口、2只机械手、1个放东西的采样篮，浑身上下布满各种感应器。它在海底探测时必须要由人来进行操作，也就是说必须要有潜航员。

潜航员这个职业可能是世界上人数最少的职业之一，在此之前，我国从未有过潜航员，既不知道应该怎样训练潜航员，也不知道潜航员应该达到什么标准才算合格，这又是一项从零开始的工作。

2004年年底2005年年初，7000米载人潜水器总体组组长刘峰去美国开会时参观了伍兹霍尔海洋研究所，与相关人员洽谈商定了中美联合深潜协议。伍兹霍尔海洋研究所坐落于美国东海岸，专注于海洋科学和海洋工程研究与教育，以技术先进和成果丰硕而闻名于世。1964年，人类历史上第一艘可以进行深海作业的载人潜水器——"阿尔文"号在伍兹霍尔海洋研究所交付应用。

"阿尔文"号潜水器在深海探索领域有着丰硕的成果，它曾经找到过丢失的氢弹，也曾拍摄过"泰坦尼克"号沉船残骸纪录片。刘峰与伍兹霍尔海洋研究所签订的协议就是登上"阿尔文"号潜水器，利用其下潜作业的机会学习深海下潜。

小贴士

　　这里又有一个曲折的故事。一开始，刘峰与伍兹霍尔海洋研究所达成的协议是派8名人员乘坐"阿尔文"号潜水器下潜4个潜次，在科学考察的同时学习和体验如何操作潜水器，中方会支付下潜的费用和两天的母船航渡费用。计划很美好，但现实不尽如人意。先是只有5位项目人员获得了赴美签证，伍兹霍尔海洋研究所的科学家们认为人数太少会导致部分项目无法体验，询问我方是否要取消这次体验。组长刘峰心想，不管怎么样，这都是难得的学习机会，不能放弃！可在5位项目人员动身前往美国的前两天，美方突然要求项目人员必须有我国政府的正式照会才能搭乘"阿尔文"号潜水器下潜。原来，"阿尔文"号潜水器属于美国海军，美国军方认为中美联合深潜这样重要的项目必须得到两国政府的同意才能进行，伍兹霍尔海洋研究所也不能违背这个决定。可是此时距离"阿尔文"号潜水器出航只有几天了，如果拿不到照会，恐怕赶不上这次深潜航行。刘峰急得团团转，连夜起草了一份照会并通过电子邮件发给了中国驻美大使馆，通过中国驻美大使馆将这一合作计划的相关情况照会美国政府，使这一合作计划最终顺利实施。

蛟龙探海

2005 年 8 月到 9 月，我国的 4 位后备潜航员和 1 位科学家搭乘"阿尔文"号潜水器下潜了 8 个潜次，与"阿尔文"号潜水器的潜航员结下了深厚的友谊，也全面地认识和体验了深潜，为后续的 7 000 米载人潜水器研发和海试奠定了基础。2006 年 8 月，中国大洋协会正式发布了潜航员选拔公告；11 月，经过选拔，确定了付文韬、唐嘉陵为我国第一批潜航员。

第一批潜航员的培训从 2007 年 3 月开始，由于之前全无经验，只能"摸着石头过河"。潜航员培训分为陆地培

潜航员选拔现场 1

训和海试实习两个阶段。2007 年正逢 7 000 米载人潜水器总装联调，于是第一批潜航员边看边学，参与了全部组装工作。在 7 000 米载人潜水器进行水池试验阶段时，他们更是白天试验，晚上进行理论学习，充分利用一切可利用的

潜航员选拔现场 2

时间。

潜航员要在水深几千米的深海进行水下作业，除了需要懂理论、会操作外，还需要强健的体魄和良好的心理素质，因此体质和心理素质训练也不可或缺，不过当时我国并没有针对潜航员的训练体系，所以培训时主要是根据潜航员的体能和心理特点进行训练。

2008年11月，在经历了漫长的苦训之后，潜航员终于完成了陆地阶段的培训。随后，7 000米载人潜水器也确定了海试方案。"蛟龙"入海，终于要成为现实了。

初步成功——从50米到1 000米

2009年，国家海洋局确定了7 000米载人潜水器海试的总原则是"由浅到深、安全第一"；海上试验要分阶段来进行：50米、300米、1 000米、3 000米、5 000米，直到7 000米。

成功预演：从50米到300米

2009年8月15日至24日，7 000米载人潜水器在50米试验海区进行了5次海面调试、3次下潜试验，还完成

50米海试取得成功

小贴士

　　应急浮标是确保 7 000 米载人潜水器安全的一个重要装备，是安装在载人潜水器背部的一个方形模块。说到应急浮标，先得说一说 7 000 米载人潜水器的安全措施。科学家们考虑到 7 000 米载人潜水器在海底可能会被海草缠住或者陷入松软的淤泥中，于是设计了多层应急措施：首先它可以抛弃两个压载铁；如果不行，还可以扔掉一部分蓄电池；如果机械手被缠住了，可以"壮士断腕"，抛弃机械手；假如 7 000 米载人潜水器整体陷进淤泥之中，全部抛载还不能上浮，那就需要潜航员释放应急浮标，母船看到之后就会用一根长长的救生绳将潜水器从几千米深的海底拉上来。

应急浮标试验

了应急浮标释放试验。8 月 28 日开始，7 000 米载人潜水器 4 次前往 300 米试验海区，进行了 2 次水面调试和 5 次下潜，其中成功坐底 2 次。

　　我国 7 000 米载人潜水器的 50 米和 300 米海试其实是为了 1 000 米海试做准备。50 米海试是为了磨合 7 000 米载人潜水器本体和母船布放回收系统的适配性，完善布放回收的操作规程；300 米海试是为了测试、验收 7 000 米载人潜水器的各项性能。经过这两次海试，7 000 米载人潜水器的海试指挥体系完善了，各个岗位的分工明确了，各个岗位间的作业模式磨合好了：海试前国家海洋局进行扫海工作；海试中警戒船进行海试警戒，保障外围安全；现场指挥部进行现场指挥；现场气象员提供气象和海况保障；监理公司见证试验过程；记者记录试验过程；等等。

真正的考验：1 000 米深潜

对我国 7 000 米载人潜水器来说，1 000 米才是真正的考验，从百米到千米，增加的难度绝不仅仅是一个级别。

原本打算在 2009 年 9 月 24 日开始的海试，因为台风和南下冷空气的影响耽搁了好多天。海试团队综合各方因素衡量，9 月 24 日到 10 月 19 日间只有 10 月 3 日一天具备海试条件。为了抓住这难得的机会，母船于 10 月 2 日中午就起航前往试验海区，连夜测量了海洋基本参数。10 月 3 日上午，7 000 米载人潜水器开始进行 1 000 米级海试：100 米、300 米、500 米、900 米……终于，9 时 17 分，我国载人潜水器在南海下潜到了 1 109 米的深度！这使我国成为世界上第五个掌握大深度载人深潜技术的国家！

1 000 米海试成功后的喜悦

蛟龙探海

在 1 000 米海试过程中，还发生了一个有趣的小故事。300 米海试成功后，有人就想到了"养育""向阳红 09"船多年的母港——青岛，大家希望能为这座城市做些什么事情，讨论一番之后，就有了把青岛啤酒和崂山矿泉水带入海底检验包装质量的主意。因为水是不可能被压缩的，只要容量足、包装质量可靠，即使到达深海，它们也不会被压扁或压爆。于是，10 月 3 日，在载人潜水器下海之前，船长把几瓶青岛啤酒和崂山矿泉水放进了 7 000 米载人潜水器的样品采集筐里，当 7 000 米载人潜水器到达水深 1 109 米的海底并再次回到海面之后，这些啤酒和矿泉水的包装几乎完好无损。"以酒水代城"，青岛也算是与 7 000 米载人潜水器一起分享了 1 000 米深潜的成功和喜悦。

"蛟龙"终亮相——深潜 3 000 米

1 000 米海试成功之后，我国并没有对外公布这一喜讯，外界对于 7 000 米载人潜水器还是一无所知。3 000 米海试之前，我国决定，如果 3 000 米海试成功就向外界公布这一具有里程碑意义的大事。可以想见，这次 3 000 米海试是多么重要。

2010 年 5 月 25 日，"向阳红 09"船离开青岛去江苏迎接即将进行 3 000 米海试的"蛟龙"号载人潜水器和海试团队；5 月 31 日，"蛟龙"号载人潜水器 3 000 米级海试团队正式起航。到达南海后，3 000 米海试的前期准备工作就开始了。

2009 年年底，我国 7 000 米载人潜水器的名字由"和谐"号改为"蛟龙"号。

科学的发展，每前进一步，都会遇

海试现场的声学绞车操纵

到许多艰难险阻，我们已经能够预测到，3 000 米海试可能不会太顺利，但最终我们会克服一切困难。

2010 年 6 月 8 日，在 50 米海区进行第 22 次下潜试验时，由于海水流速较大，"蛟龙"号载人潜水器入水后差点撞上下水拍摄的记者，潜航员赶紧操纵潜水器转向，可换能器却被拉断了。指挥部立刻将潜水器回收，海试团队也连夜抢修好了换能器。

6 月 20 日，"蛟龙"号载人潜水器准备进行第 26 次下潜也是第一次 3 000

米海区试验时，又出现了一个小插曲。我们之前说过，进行海上试验时，试验海区外围由警戒船执行警戒任务，以免其他船只干扰海试。当时，"蛟龙"号载人潜水器已经下潜，而距此 12 海里处的一艘万吨货船正在接近这片海区，很有可能冲撞海试。两艘警戒船迅速反应，从两个方向对货船进行阻截，迫使货船调整航向离开了试验海区。个头儿不大但声势一点也不小的警戒船，及时消除了可能的干扰和危险。由于处理及时，这个外围插曲丝毫没有影响"蛟龙"

蛟龙探海

"蛟龙"号载人潜水器在水深 3 000 多米的海底拍到的海绵

号载人潜水器的下潜。这次，"蛟龙"号载人潜水器突破了水深 2 000 米，到达了 2 067 米。

两天后，"蛟龙"号载人潜水器进行了第 27 次下潜。这次计划下潜的深度是 2 800 米，不过"蛟龙"号载人潜水器一鼓作气，直接下潜到了水深 3 039 米！

只是在深度上突破 3 000 米还不够，"蛟龙"号载人潜水器还要通过多次下潜在水下进行试验项目。

2010 年 7 月 10 日，在"蛟龙"号载人潜水器进行第 33 次下潜，到达 1 700 米左右的水深时，突然出现接地绝缘检测值升高的问题，这也成为困扰"蛟龙"号载人潜水器多次的"幽灵"问题。在"蛟龙"号载人潜水器中，接地绝缘检测值一旦超过 1.2 的安全界限值就意味着电缆可能进水了。要知道，"蛟龙"号载人潜水器上密布各种电缆插头，若在海中发生短路，后果不堪设想。尽管这次"蛟龙"号载人潜水器下潜到了水深约

2 000 米处，但因为接地绝缘检测值超过了 1.3，所以只能停止下潜，立即上浮。可奇怪的是，当"蛟龙"号载人潜水器上浮到水深 1 000 米左右时，接地绝缘检测值又回到了安全范围内。工作人员仔细检查了各个可能的故障点，都没有发现漏水处。

就当大家以为故障已经解决时，这个"幽灵"问题又出现了。在"蛟龙"号载人潜水器 7 月 11 日的下潜过程中，接地绝缘检测值不断升高，达到了 1.5。指挥部要求"蛟龙"号立即返航，可是

"蛟龙"号上的潜航员却认为，如果就这样上浮肯定还是找不到故障原因，只有继续下潜，在水下进行检测，才能排除故障。于是，他们冒着生命危险继续下潜，最终发现原来是水密插头进了几滴水。正常情况下，水密插头里的两根导线以绝缘皮相隔，但进入深海后，巨大的压力将两根导线挤在一起，细微的毛刺就会引发短路报警，压力一减小，两根导线就会自动分开，接地绝缘检测值也就恢复正常了。

第二天，"蛟龙"号载人潜水器进

载人潜水器 3000 米级海试
第 37 潜次

"蛟龙"号载人潜水器在水深 3 759 米的海底捕捉的海参

蛟龙探海

行了第36次下潜。这是极具纪念意义的一次下潜，不仅因为"蛟龙"号下潜到了水深3 757米，更因为其在南海海底插上了中华人民共和国国旗，并布放了"龙宫三号"的标志物。

7月13日，"蛟龙"号又创造了我国载人潜水器下潜3 759米水深的纪录和长达542分钟的水下工作时间纪录，完成了深海考察的任务，标志着2010年3 000米海试任务顺利完成。

2010年8月16日，科技部和国家海洋局在北京联合召开新闻发布会，正

小贴士

"龙宫三号"是一个用钛合金制成的直径30厘米左右的八角形盘子，上面有五星红旗和"中国载人深潜海试纪念：2010年"字样。布放标志物是载人深潜的一项传统，之前的"龙宫一号"和"龙宫二号"已经布放在了300米海试区。

式对外宣布我国"蛟龙"号载人潜水器3 000米海试成功的消息。

"蛟龙"号载人潜水器在南海海底插上中国国旗

中国载人深潜的突破——5 000 米

3 000 米海试的圆满成功不是终点，要知道，"蛟龙"号载人潜水器的目标可是 7 000 米。不过，在进行 7 000 米海试之前，"蛟龙"号载人潜水器还要通过 5 000 米的海试演练一番。这时"蛟龙"号载人潜水器遇到一个小问题：我国南海不够深，没有超过 5 000 米水深的海域，怎么办呢？我国在东北太平洋海域有一块专属勘探区，那里的水深一般为 5 200 米左右，去那里海试同时还能勘探矿区环境，一举两得，于是科学家们决定让"蛟龙"号载人潜水器去那里进行 5 000 米海试。

不过，在东北太平洋专属勘探区进行海试，对"向阳红 09"船和"蛟龙"号载人潜水器都是不小的考验。这片海区距离祖国大陆上万千米，中途没有可以补给的地方，"向阳红 09"船需要在海上连续航行 50 天左右。而"向阳红 09"船是一条已经工作了 30 多年的老船，各部分功能严重下降。而且，这片海区环境复杂，加上 5 000 米是我们从来没有触及的深度，这些对"蛟龙"号载人潜水器和科学家们来说都是极大的考验。

2011 年 7 月 1 日，"向阳红 09"船载着"蛟龙"号载人潜水器和海试团队起航了。

根据之前的经验，我们已经预想到这必定又是一次困难重重的旅程。7 月 15 日，"向阳红 09"船到达预定的试验海区时天气非常恶劣，风大浪高，根本无法进行海试。7 月的东北太平洋原本应该是风平浪静的，但很不巧的是，这一年东北太平洋副高压强度略高，位置略偏南，导致东北风比往年强很多，所以风、浪、雨都来了，气象条件极不

蛟龙探海

符合海试要求。根据海试大纲要求，4级风、2米浪高以下才能进行海试，否则"蛟龙"号载人潜水器会面临危险。刚到东北太平洋的前几天，工作人员只好检修保养机器，等待时机。

这样拖下去可不行，7月18日，指挥部召开了紧急会议。气象员判断，在几个纬度之外有一片海区气象状况相对好一些，可以作为备选海区。于是，在认真分析后，指挥部最后决定去气象状况稍好的备选海区海试。

在海上航行一天一夜之后，7月20日早上，"蛟龙"号载人潜水器在备选海区下潜，一举到达水深4 027米处，过程非常顺利。第二天，正当"蛟龙"号想要一鼓作气创造5 000米下潜纪录时，这里的天气状况突然又变差了，浪高达到了2米。而且根据气象员预测，未来三五天天气都不会好转。今天的海试要不要取消，指挥部陷入"两难"的境地。因为在前一天媒体已经报道7月21日"蛟龙"号将要冲击5 000米的深度，有人担心如果这天的海试取消，可能会引发不好的舆论；但另一种意见认为，科学的世界里必须要严谨，如果海况不允许，宁可等待也不能冒险。最后，指挥部还是决定取消下潜，保证安全第一。这也提醒我们，科研路上，一定要把严谨求实放在第一位；科学的世界里，不能有任何马虎和侥幸。

7月25日，海试团队终于抓住了一次天气状况较好的机会，成功下潜至水深5 057米处，多次坐底，

水面支持团队密切关注潜水器的布放

并且对海底生物进行了拍摄，中国由此成为世界上第五个掌握 5 000 米载人深潜技术的国家。

纪录只突破一次怎么够呢？7月27日，"蛟龙"号载人潜水器再次下潜，这次下潜深度达到了 5 188 米。7月29日，"蛟龙"号又下潜到了 5 184 米的深度，并且进行了各项水中作业。然而，"蛟龙"号从海底返航时，意外又发生了。当时母船接到了"蛟龙"号的上浮信号，但因为天色已晚，风大雨大，一直没有看到"蛟龙"号的身影。这样"两眼一抹黑"的情况是非常危险的，"蛟龙"

5 000 米海试时"蛟龙"号载人潜水器拍到的场景

号有可能撞上母船，也有可能被海浪推远，就此失联。母船上所有的照明灯都打开了，所有成员都跑了出来，大家焦急地寻找"蛟龙"号的踪迹。最终，指挥部的李向阳通过母船上的高清云台在

大雨中回收"蛟龙"号载人潜水器

"蛟龙"号载人潜水器 5 000 米海试成功

海浪中发现了"蛟龙"号,"蛙人"小组赶紧过去为"蛟龙"号挂上了主吊缆,把"蛟龙"号成功回收进母船。这次惊险的经历让大家心有余悸,决定一回去就给"蛟龙"号安装 GPS 定位仪,这样潜航员就可以及时向母船报告位置,避免再次出现类似的情况。

7 月 31 日,"蛟龙"号载人潜水器进行了最后一次 5 000 米海试,这次下潜深度达到了 5 180 米,完成了多项作业任务。

此次航程中,"蛟龙"号载人潜水器创造了 5 188 米的下潜深度纪录和 9 小时 14 分的下潜作业时间纪录,完成了各项试验任务。

7 月 31 日深夜,圆满完成任务的"向阳红 09"船载着"蛟龙"号载人潜水器和海试团队开启了返回祖国的航程。

蛟龙探海

载人深潜夙愿成真——7 000 米

5 000 米海试的圆满完成，让人们对"蛟龙"号载人潜水器冲刺 7 000 米深度有了更大的信心。

这次，东北太平洋的海底也不够深了，"蛟龙"号载人潜水器要去地球最深处——马里亚纳海沟进行 7 000 米海试。据估计，马里亚纳海沟已经形成了 6 000 万年，这里大部分水深在 8 000 米以上，最深处超过万米。

2012 年 5 月 28 日，"向阳红 09"船缓缓驶离青岛，到江阴码头去迎接"蛟龙"号载人潜水器和海试团队，他们将再一次并肩作战，向 7 000 米进军。

6 月 15 日，马里亚纳海沟风平浪静，是个适合海试的好日子。这一天，"蛟龙"号载人潜水器要进行 7 000 米海试第一次下潜。果不其然，在科学前进的道路上意外情况随时会发生，当"蛟龙"号载人潜水器下潜到水深 6 000 多米的时候，数字通信系统突然出现了故障，不过这时工作人员已经在无数次意外情况中积累了丰富的经验。他们不慌不忙、沉着冷静地切换通信模式，保证了联络的畅通，等"蛟龙"号上浮之后检查排除了故障。这次，"蛟龙"号下潜到了 6 671 米的深度。4 天后，"蛟龙"号又进行了 7 000 米海试第二次下潜，达到了 6 965 米的深度，并且获取了海水和沉积物样品。6 月 22 日，"蛟龙"号在马里亚纳海沟进行了第三次下潜，最大下潜深度达到了 6 963 米，完成了 6 次坐底，在海底作业 3 个多小时。

2012 年 6 月 24 日，是激动人心的一天。这一天，"蛟龙"号载人潜水器进行了首次 7 000 米深度的下潜，并在 7 020 米的深度成功坐底，创造了全国乃至全世界的载人深潜纪录！更值得一提的是，这一天，"神舟九号"飞船和"天宫一号"目标飞行器对接成功，"蛟龙"号载人潜水器潜航员在海底与航天

员互发祝福。这一天，"可上九天揽月，可下五洋捉鳖"在我国成为现实！

按照预定试验计划，2012 年 6 月 25 日，"蛟龙"号载人潜水器进行了 7 000 米海试的第五次下潜试验，创造了世界上同类载人潜水器的最大下潜深度纪录——7 062 米，实现了我国深海技术发展的新突破和重大跨越，标志着我国载人深潜技术达到国际领先水平。本着查漏补缺的原则，6 月 30 日，"蛟龙"号载人潜水器又一次下潜，到达水深 7 035 米处。至此，"蛟龙"号载人潜水器圆满完成了 7 000 米海试的全部预定任务。

通过 7 000 米海上试验，"蛟龙"号载人潜水器的各项功能与性能在最大设计深度下通过了考核，设计指标得到了验证，在最大设计深度下的安全性得到了充分验证，其优良的作业性能得到了进一步确认，极端深海环境下的特有技术问题也基本得以解决。同时，通过 7 000 米海上试验，基于"向阳红 09"船的操作规程已经建立，水面支持系统的可靠性得到验证，水面支持系统操作维持队伍基本成型，锻炼打造了一支具

2012 年，"向阳红 09"船缓缓停靠青岛奥帆基地码头

有世界领先水平的载人深潜队伍，为下一步"蛟龙"号步入试验性应用阶段打下了坚实基础。

"蛟龙"号载人潜水器 7 000 米海上试验的成功，标志着我国具备了在全球 99.8% 的海域开展科学研究、勘探资源的能力，为我国在全球大洋开展深海资源勘查提供了强有力的技术手段，为我国科学家跻身国际深海前沿科学研究提供了强有力的保证。

从 2002 年到 2012 年，10 年艰辛的研发之路即将画上一个圆满的句号。这 10 年是不断出现困难又克服困难的 10 年，是披荆斩棘不断勇攀科学高峰的 10 年，也是中国载人深潜创造奇迹的 10 年。

茫茫深海，"蛟龙"探海正当时！

蛟龙探海

工作人员对"蛟龙"号载人潜水器进行检修

"蛟龙"号载人潜水器的三大技术突破 ▶▶▶

　　"蛟龙"号是我国第一台自行设计、自主集成研制的深海载人潜水器。其长、宽、高分别为 8.2 米、3.0 米、3.4 米，最大下潜深度超过 7 000 米。

　　"蛟龙"号载人潜水器的技术已经达到世界先进水平，其中，近底自动航行和悬停定位、高速水声通信、充油银锌蓄电池被誉为"蛟龙"号载人潜水器的三

大技术突破。

近底自动航行和悬停定位

近底自动航行是一个非常重要的功能。为什么这么说呢？在保证安全和效率的前提下，"蛟龙"号载人潜水器的航速一般为每小时 1 海里左右，下潜和上浮速度根据具体情况时有不同，一般每分钟为 30 ~ 40 米。"蛟龙"号如果要下潜到 7 000 米深的海底，大约需要 3 小时，在海底的工作时间为 6 小时左右，母船布放和回收至少用时半小时。如此算来，"蛟龙"号下潜一次全程至少需要 12 小时。这个过程中，如果潜航员全凭手动操作会非常疲惫。想象一下，一个人连续开车十几个小时，那会是一件多么消耗体力和精力的事情。而近底自动航行技术很好地解决了这个问题。

凭借近底自动航行技术，只要潜航员设定了航行方向，"蛟龙"号载人潜水器就能自动驾驶了，潜航员可以放心地进行观察和其他操作。

"蛟龙"号载人潜水器的近底自动航行主要有 3 种模式：自动定向航行、自动定高航行和自动定深功能。自动定向航行就是，当设定好前进方向后，"蛟龙"号会沿着定好的方向自动航行，不会偏离。自动定高航行就是，不管海底的地形多么高低不平，"蛟龙"号都可与海底保持一定的距离，这样就避免了碰撞事故的发生。自动定深功能能使"蛟龙"号能够保持与海面的距离，比如设定深度为 6 000 米，那么"蛟龙"号就可以一直与海面保持 6 000 米的距离。

"蛟龙"号载人潜水器还有一项非常重要的技术就是悬停定位。国外大部分载人潜水器在海底工作时，如果要采集样品，需要先坐底再进行操作。"蛟龙"号就不必这么麻烦。当潜航员驾驶"蛟龙"号在海底发现目标时，只需要驾驶到相应的位置"定住"，即可用机械手进行采样等操作。其实这是一项极难的技术。因为"蛟龙"号会被洋流带动摇摆，机械手在作业时也会带动"蛟龙"号晃动。这种情况下，"蛟龙"号还可以稳稳地"定"在海底，做到精确悬停定位，令人惊叹。在已经公开的信息中，国外还没有研发出有类似功能的潜水器。

高速水声通信

你知道陆地通信主要依靠什么来实现吗？在陆地上，电磁波是通信的主要介质。但在海水中，电磁波衰减得很快，失去了用武之地。"蛟龙"号载人潜水器下潜几千米，如果不能与母船保持即时联系，母船就找不到"蛟龙"号的位置，就无法回收"蛟龙"号了。那"蛟龙"号如何与母船联系呢？只能依靠声波。

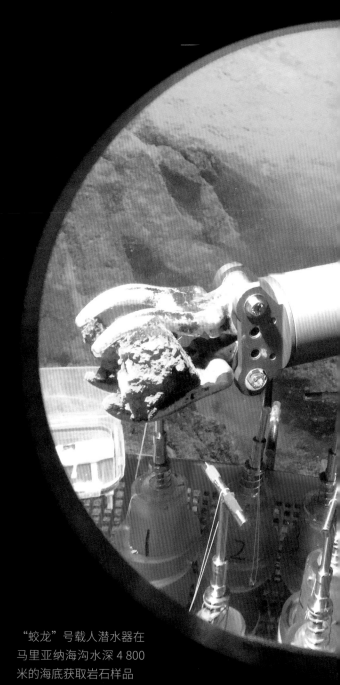

"蛟龙"号载人潜水器在马里亚纳海沟水深 4 800 米的海底获取岩石样品

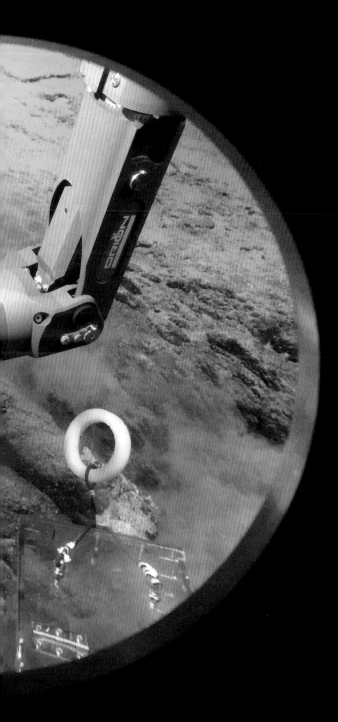

要想实现水下通信并不是那么容易的事。声波在水里的传播速度每秒只有1 500 米左右，听起来似乎很快，但是如果"蛟龙"号在 7 000 米的深度，和母船对话一次需要近 10 秒。声波在水里传播时，会被海水吸收、扩散，所以声波必须保持低频率才能达到 7 000 米的通信距离，可是频率低就意味着可用带宽小、传输的速率非常低。此外，由于声波传播速度慢，加上几千米深的海水温度不一样、密度不一样，海底回波条件也不一样，会造成信号的严重畸变，再加上母船和"蛟龙"号载人潜水器自身的噪音，要想有效提取信号是极其困难的。

我国自主研发的高速水声通信系统能很好地解决这个问题。它的工作原理是先将需要传输的信息比如文字、语音等进行编码、调制处理，将电信号转换为声信号传给远方的接收换能器，在那里，再将声信号转换为电信号，最后由数字信号处理器进行相关处理。这一系统是我国自主研制的，具有完全自主知识产权，获得了多项发明专利。它不仅能够实现语音通信，还可以高速即时传输数据、文字、图像等。

说起高速水声通信系统不能不提"蛟龙"号载人潜水器的声学团队。

2009 年 8 月 15 日，是"蛟龙"号载人潜水器进行 50 米海试的日子。天刚蒙蒙亮，"向阳红 09"船的甲板上就开始忙碌起来，各系统、各岗位的海试队员按照自己的分工有条不紊地工作着。8 点 55 分，随着一声"布放"的口令，机声隆隆，轨道车后移，主吊缆与潜水器对接，起吊，副钩接上，将潜水器吊离船体。这时却突发意外，副钩无法脱开，反复操作几次仍不能脱钩。无奈之下，指挥部命令收回潜水器，迅速检查，发现是起吊时主缆收得不到位导致的。排除故障后再一次起吊，这一次倒是顺利入水了，但更大的问题产生了——进行水面检查时，潜航员开启了声学系统进行调试，结果与水面完全联系不上，承担母船与潜水器无线电通信的甚高频（VHF）一片嘈杂，什么都听不清楚，后来无线电信号干脆就中断了。

按照海试规范，水面与水下通信建立不起来，潜水器是不允许下潜的。出师不利，大家心情都有点沉重。当晚，

"蛟龙"号载人潜水器的天线

声学团队正在布放声学吊阵

指挥部召开会议，深入分析出现的问题，认为通信不畅是制约海试的主要问题，必须立即解决，否则海试无法进行下去。潜水器入海后，如果没有通信联系，无异于"盲人骑瞎马，夜半临深渊"，相当危险。于是，声学团队成了海试的"焦点"。连夜的故障排查和紧急抢修后，通信系统勉强可以使用了，但并没有从根本上解决问题，通信仍是时断时续，

为此指挥部不得不精心测算：何时到达目的地，何时抛载上浮。

通信问题不能再拖下去了！每次指挥部召开各部门负责人例会，通信系统副总设计师朱敏都会成为大家七嘴八舌"炮轰"的对象："这套系统究竟行不行啊？说个准话！在陆地上试验不是好好的吗，怎么一到海里就不行了呢？""是啊，通信连不上，啥也试不成。""这套高速水声通信系统是可靠的，水池和湖泊试验都正常啊！我们分析可能是船舶噪音影响了通信质量，目前正在积极想办法……"生于1971年的朱敏，中等个头，鼻梁上架着副眼镜，温文尔雅，他平日里说话声就不大，此时被问急了，更是气咽声低。他和年轻的声学团队承受着巨大的压力。

初次参加海试，朱敏带领的这支年轻的团队——多是毕业没几年的"70后""80后"硕士生、本科生——还很是青涩，实地经验不足，外加当时环境条件恶劣，夏季台风多发，海况不佳，"向阳红09"船又是一艘有着30多年船龄的老船，船体噪声大，因此母船与潜水器的通信就成了大难题。面对大家

焦急的目光、接踵而来的询问，朱敏熬红了眼睛，带着声学团队中五六个年轻人没日没夜地在灯火通明的舱室里攻坚克难。恰在此时，朱敏的妻子预产期快到了，可他却丝毫分不出心神，一门心思扑在了解决问题上。声学团队沉下心仔细剖析了整个系统，一连多天，白天顶着烈日参加海试，晚上挑着夜灯画草图、查问题、改软件、编程序……专家组组长于杭教授说："（他们）走了一条新路，难免发生问题，闯过去就会海阔天空的。"所谓的"新路"指的正是高速水声通信技术，这是一项代表大深度水声通信的前沿技术，它在语音通信的基础上，可以在大洋深处实现数据、文字、图像的高速即时传输。声学团队设计制造的具有完全自主知识产权的水声通信机，就是对这项科技的应用，安装在 7 000 米载人潜水器上，经过陆地、水池以及太湖、千岛湖等地的试验，原已被证明完全可以保证水下通信，如今却在海上遭遇了滑铁卢。

"不管多么难，也要攻克它！我建议发动全体队员都为高速水声通信动脑筋，一定要拔掉这个拦路虎！"面对海试有可能因此而失败的危机，本次海试总指挥刘峰铿锵下令。于是，为了改善高速水声通信的条件，在"向阳红09"船上，有的队员爬上脚手架调试安装、改良天线；有的队员举着接收天线，随着潜水器位置的改变到处奔跑；"向阳红09"船的船长也站在驾驶台上，小心翼翼地调试各种设备以降低这艘老船的噪音。

精诚所至，金石为开。调试高速水声通信系统的同时，在专家组的指导下，声学团队又针对"向阳红09"船噪音大的实际情况提出了建立莫尔斯电码通信方式的设想，试验证明这种通信方式可以达到 2 000 米的距离。另外，远在北京的长城无线电厂也在指挥部的要求下完成了水声电话的制作。

就这样，潜水器的通信系统得到了极大改善。莫尔斯电码、水声电话一举成功，高速水声通信系统也取得了进展，等于为通信系统加上了双重保险。

这个忙乱的 8 月对朱敏而言无疑是极其特殊的。2009 年 8 月 31 日，朱敏的妻子在北京诞下一个健康的女孩，而还在海上攻关的朱敏直到 9 月 2 日回到

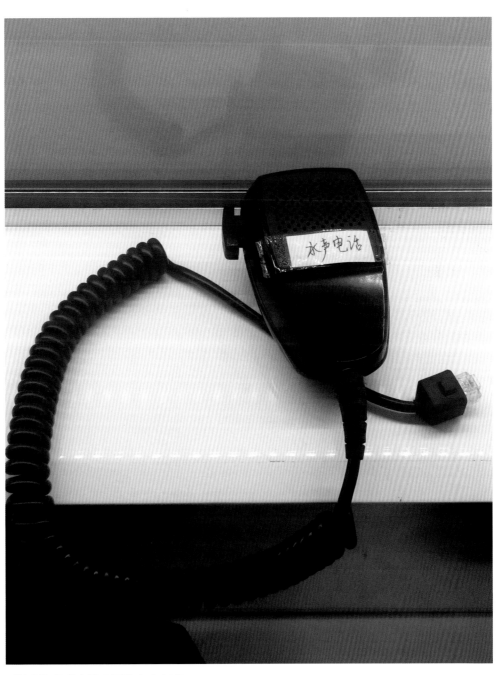

"蛟龙"号载人潜水器的水声电话

三亚凤凰港时才得知了这个好消息。"向阳红 09"船的政委在大喇叭里广播了这一喜讯,厨房煮了一锅鸡蛋,抹上红颜色交给朱敏,他高兴地给每个队员分发了 2 个喜蛋,全船都洋溢着快乐的气氛。迈过技术大关又初为人父的朱敏,赶回北京探望了妻女,仅仅停留一个晚上就又回到了三亚——对他而言,妻女在畔固可喜,重责在肩不敢歇。

科技发展的背后是一代代蓬勃青年的奋进,而"蛟龙"号载人潜水器声学团队的年轻人们始终在声音的世界中同心铸鼎,他们的汗水没有声音,却将世间万籁都纳入人类的耳中。

"蛟龙"号载人潜水器声学团队合影

"蛟龙"号载人潜水器回收至"向阳红09"船

蛟龙探海

充油银锌蓄电池

之前我们说过，"蛟龙"号载人潜水器在水下的作业时间能够达到十几个小时，而在这一过程中，电是最基本的保障，一切操作都需要电力支持才能完成。可是"蛟龙"号不能携带太多太重的燃料，那么该如何保证水下长时间作业的能源供给呢？充油银锌蓄电池成为不二之选。

我国自主研发的大容量充油银锌蓄电池，电量超过110千瓦时，是目前世界范围内各类潜水器上容量最大的电池之一。它就像"蛟龙"号载人潜水器的心脏一样，为"蛟龙"号源源不断地提供着动力。

不得不说，充油银锌蓄电池的研发和应用之路也充满了艰难险阻。

充油银锌蓄电池在7 000米载人潜水器被确定为国家重大专项之后就开始研制了。在海底高压环境下，大容量电池在供电时产生的氢气很可能会影响"蛟龙"号载人潜水器的安全，所以，研发人员对蓄电池反复试验，最终确保了析气量在安全范围内。2004年，充油银锌蓄电池样机研制成功，并且通过了测试和考核。

在进行300米海试的时候，"蛟龙"号载人潜水器成功下潜到了300多米的深度，然而当"蛟龙"号完成所有作业任务上浮到距离海面不到20米的时候，突然发出"砰"的爆炸声。检查发现，原来是一只电池爆炸了。幸好电池是在"蛟龙"号快要上浮到海面时才发生爆炸，如果在海底发生爆炸，后果不堪设想。

当时天气预报显示，第二天下午大

风将会到来，所以必须在第二天早上再一次进行下潜。于是当天晚上，工作人员连夜拆掉发生故障的电池组，换上备用的铅酸电池，以确保第二天的下潜顺利进行。

为什么充油银锌蓄电池会爆炸呢？原来，尽管充油银锌蓄电池有着容量大、抗压能力强的优点，但它却有个严重的缺点，那就是寿命很短，一旦启动，只有一年的使用期限。在2008年"蛟龙"号载人潜水器准备海试的时候就启动了充油银锌蓄电池，结果因为是否海试这个问题纠结了一年，所以这组电池也就待机了一年。但更换一组新的充油银锌蓄电池需要几百万元，为了节省经费，研究团队在检查蓄电池各项性能正常之后，想先用旧电池撑过第一阶段的海试。这也再次提醒我们，科学的世界里容不

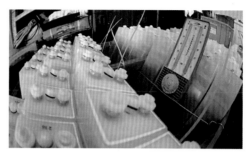

蓄电池正在进行溶液静置

得半点侥幸。

经过这次教训之后，充油银锌蓄电池几乎没有再出现过大的故障，为"蛟龙"号载人潜水器的深潜立下了汗马功劳。

蛟龙号载人潜水器

海底一隅

纵横四海 ▶▶▶

　　"蛟龙"号载人潜水器海试成功后，国家海洋局从实际出发，决定从 2013 年开始对其开展试验性应用。在试验性应用阶段，"蛟龙"号载人潜水器将在深海资源勘查、环境评价和科学研究等领域获取第一手高质量研究样品和数据资料，获得新的科学发现和认识，取得世界领先的尖端科研成果，提高国际影响力和话语权。

在 5 年的试验性应用阶段，"蛟龙"号载人潜水器的足迹到达了我国南海、东北太平洋多金属结核勘探区、西北太平洋富钴结壳勘探区、西南印度洋多金属硫化物勘探区、西北印度洋热液硫化物调查区、西太平洋雅浦海沟区、西太平洋马里亚纳海沟区，成功下潜 152 次，总航程 8.6 万余海里，获得了海量的高精度定位调查数据和高质量的地质与生物样品约 3 860 件。

第一个航次

在首个试验性应用航次中，"蛟龙"号载人潜水器没有让大家失望：首次在海底冷泉区进行长距离航行，实现了近底航行、爬坡、定深航行和坐底等功能；考察了我国的专属勘探区，采集到大量样品。

在这个航次中，还发生了很多有意思的事情。有一次，"蛟龙"号载人潜水器下潜到了水深 3 000 多米处，这片海域像沙漠一样荒凉。突然，潜航员发现了一条白色的鱼趴在沉积物上。它一动不动，让人误以为它已经死了，可是"蛟龙"号的机械臂碰到它时，它又迅速游动起来。另一次在冷泉区下潜时，"蛟龙"号载人潜水器采集到了一只奇特的深海虾，它在海底是透明的，上岸之后却变成了红色。"蛟龙"号还在一次下潜中采集到一只巨大的蜘蛛蟹，光蟹足就有 40 多厘米长，个头比普通螃蟹大得多。

尤其值得一提的是，在我国南海，"蛟龙"号载人潜水器做到了连续 4 次在同一地点下潜。能够在洋流、海况复杂的情况下做到连续在同一地点下潜意味着"蛟

从"蛟龙"号载人舱内看到的马里亚纳海沟的海底

龙"号的定位精度达到极高水平，也意味着整个工作系统具有很高的稳定性，形成了成熟的技术链。

2013年，在本航次的第二航段，"蛟龙"号载人潜水器对我国在东北太平洋的多金属结核勘探区进行了科考，不仅调查了这里的多金属结核覆盖状况和海底地形地貌，为深海采矿提供了科学资料，还调查了巨型底栖生物的多样性和群落结构。

"蛟龙"号载人潜水器本航次的第三航段是在西北太平洋的富钴结壳勘探区下潜，这里也是我国的专属勘探区。"蛟龙"号在这里采集的样品非常丰富，有红色的海星、粉色的珊瑚、白色的海绵以及许多矿物样品等。随行的科学家

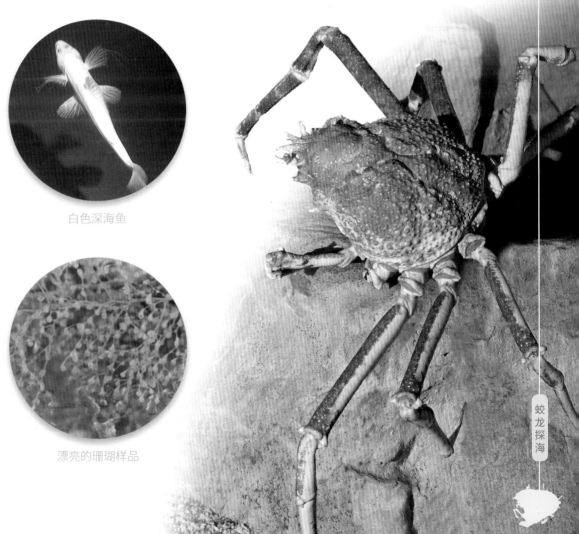

白色深海鱼

漂亮的珊瑚样品

蛟龙探海

称赞道："'蛟龙'号不但能让我们身临其境地近底观察海底地貌，还能有针对性地采样，真是了不起！"确实，相比之前只能通过影像来观察海底地形地貌和深海生物，现在能够乘坐"蛟龙"号载人潜水器下潜到深海，与海底世界亲密接触，对海洋科学研究来说是一个极大的进步。

第二个航次

2014—2015 年，"蛟龙"号载人潜水器在西北太平洋、西南印度洋完成了第二个试验性应用航次任务。在前往西北太平洋之前，科学家们先在南海测试了安装在"向阳红 09"船底部的国产超短基线系统。测试结果显示，这套系统能满足"蛟龙"号载人潜水器的需要，使"蛟龙"号的国产率进一步提高。

在第一航段，"蛟龙"号载人潜水器在西北太平洋"采薇"海山区进行了近底航行、观察富钴结壳和巨型底栖生物、采集样品等作业，得到了不少奇异又漂亮的生物样品，如羽毛状的浅黄色海百合、树枝状的白色柳珊瑚、长得像葱的白色海绵……

这一航次的第二、三航段是在西南印度洋进行的，这也是"蛟龙"号载人潜水器第一次到西南印度洋执行任务。印度洋的 4 个热液区令科学家们着迷，不仅因为热液硫化物是一种越来越被关注的海底矿物，更因为这里是探索生命边界的好地方，很多从热液区分离出来的生物只能在高压容器里生长，这是多么奇妙的生物现象啊。

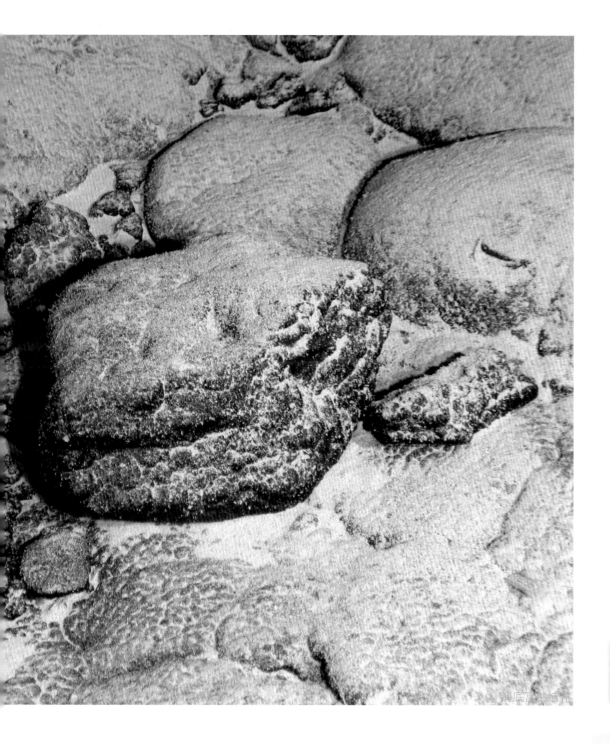

对"蛟龙"号载人潜水器来说，热液区考察是新的考验。海底热液区的地形很复杂，热液喷口更是危险，温度最高达到了350℃，而且还会喷出黑烟。不过，这可难不倒"蛟龙"号载人潜水器。在印度洋的首次下潜中，"蛟龙"号载人潜水器就采集到了"黑烟囱"碎片。

在这个航段中，"蛟龙"号载人潜水器有了很多"第一次"：第一次获取了西南印度洋脊的热液流体样品，第一次精细比较研究了不同热液区的生物多样性，第一次在西南印度洋脊东段确认了低温热液区等。

在这个航段的下潜中，我国新一批潜航员进行了下潜训练，其中包括两位女潜航员。

第三个航次

2016年，"蛟龙"号载人潜水器赴西北太平洋富钴结壳勘探区、马里亚纳海沟等进行了第三个试验性应用航次，多次开展科学调查。在这个航次中，"蛟龙"号自7000米海试成功以后第一次连续开展大深度下潜作业，进行了

5次6500米以深和9次6000米以深的深潜，极大地检验了其技术的稳定性、可靠性。

马里亚纳海沟是海斗深渊的代表区域，是几乎没有人涉足的秘境。"蛟龙"号载人潜水器在对马里亚纳海沟的探测中，发现了活动的泥火山；在雅浦海沟进行下潜作业时，发现雅浦海沟里有密密麻麻的海参，而且所有的海参头都朝着一个方向，令人惊叹大自然的神奇。

第四个航次

2017年6月13日，"蛟龙"号载人潜水器顺利完成了试验性应用阶段的最后一个航次。这一航次是"蛟龙"号载人潜水器试验性应用阶段连续作业时间最长、调查区跨度最大的航次，也是潜次任务安排最多的航次。

在这个航次中，"蛟龙"号载人潜水器探访了印度洋中的"卧蚕1号""卧蚕2号"热液区，发现了截然不同的景象——"卧蚕2号"热液区荒芜且死气沉沉，但"卧蚕1号"热液区却生机勃勃："黑烟囱"群像树林里的树一样密集，

喷出一股股的黑烟，周围有成群的白虾、蟹，海葵附在烟囱体上随水流摇摆；在低温热液口附近，还有一群壳上长满了鬃毛的螺整整齐齐地排列着。在"大糦"热液区，科学家们发现了一个"黑烟囱"群特别像喀斯特石林，奇特而壮观的画面给他们留下了深刻的印象。

这一航次的第七次下潜惊险与惊喜并存。惊险的是"蛟龙"号载人潜水器又出现了接地绝缘检测值升高的问题，惊喜的是发现了新的"黑烟囱"，收获了许多生物样品。原来，刚开始下潜时"蛟龙"号的接地绝缘检测值升高，所以上浮之后工作人员对其进行了检查，排除故障后又进行了第二次布放。出人意料的是，第二次布放的位置与第一次差了近百米，因为这近百米的偏差，"蛟龙"号载人潜水器意外来到了一片没有地图指引的海域，不经意间发现了一个从未被标记过的"黑烟囱"。

在马里亚纳海沟，"蛟龙"号载人潜水器成功回收了一年前布放在水深6 300米处的采水器。这是上一年"蛟龙"号载人潜水器布放的采水器，因为当时台风将至，最后一个潜次临时取消，所

"黑烟囱"

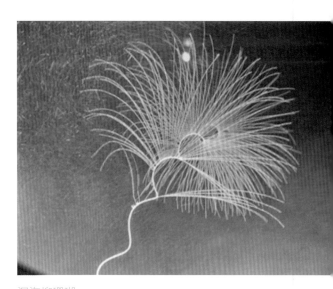

深海柳珊瑚

以这个采水器被迫在这里停留了一年。回收一年前的采水器的难度无异于"大海捞针"，但"蛟龙"号载人潜水器做

蛟龙探海

"黑烟囱"旁的热液生物群落

到了，这充分展示了其精确作业能力。

"蛟龙"号载人潜水器在雅浦海沟下潜时，潜航员发现这里生活着许多深海生物，还发现了以前从未见过的生物，例如有着透明的凝胶状身体的深海海参。除了海参，这里还有海蛇尾、海星、鱼和虾等。另外，潜航员还见到了一种未知生物：它长着一根长长的"茎"，"茎"上有两层"枝"，"枝"上各有4个透明的圆球。潜航员将这种生物取样，想带给生物学家研究，可是一回到海面，它就化掉了。

深海压力大，温度低，没有光照，缺乏营养物质，生活在这里的生物有着独特的生命系统。这些深海生物的奥秘，正等待着我们去揭晓。

在完成 2017 年的下潜任务之后，"蛟龙"号载人潜水器的试验性应用画上了圆满的句号。之后，"蛟龙"号进行了大修和技术升级，于 2018 年年底完成了载人球壳结构全寿命监测、水下灯光视频系统改进、框架结构调整设计与建造、测深侧扫技术与控制系统适应性升级、作业接口规范与增加等；2019 年完成了水池试验，各系统状态良好，达到了进行海试的条件。

2020 年 12 月 1—18 日，"深海一号"母船搭载着"蛟龙"号载人潜水器赴南海开展 1 000 ～ 3 000 米海试，对"蛟龙"号载人潜水器的 2 大类 8 小项技术升级进行了验收；2021 年 2 月 21 日至 4 月 2 日，"深海一号"母船搭载"蛟龙"号载人潜水器赴西北太平洋深渊区开展了 7 000 米海试，完成了 12 次下潜，并对 7 大类 18 小项技术升级进行了验收。

"蛟龙"，将在广阔的海洋中纵横驰骋。

潜水器母船与支撑保障基地

"蛟龙"号载人潜水器的成功，
母船与支撑保障基地功不可没。

潜水器和母船

　　任何一艘潜水器都无法单独工作，必须依靠母船和支撑保障基地的支援。除了"蛟龙"号载人潜水器之外，大深度载人潜水器还有美国的"阿尔文"号、俄罗斯的"和平 1"号和"和平 2"号、法国的"鹦鹉螺"号、日本的"深海 6500"号等，它们深海作业经验丰富，有着可靠的母船和支撑保障基地。让我们一起了解下这些潜水器的母船和支撑保障基地吧。

国外潜水器的母船和支撑保障基地 ▶▶▶

目前，除中国外，拥有大深度载人潜水器及母船、支撑保障基地的国家主要有美国、俄罗斯、法国、日本。

"阿尔文"号潜水器的母船和支撑保障基地

美国是很早就开始进行载人深潜研究的国家之一，伍兹霍尔海洋研究所 1964 年交付使用的"阿尔文"号潜水器至今已经下潜过 4 000 多次，最深可以到达水深 4 500 米处。

现在"阿尔文"号潜水器的母船是"亚特兰蒂斯"号科考船。"亚特兰蒂斯"号是一艘 1997 年 4 月交付使用的全球级海洋科学考察船，搭载"阿尔文"号潜水器完成了诸多令世界瞩目的深海科学探测任务。它的排水量约为 3 566 吨，续航力达 17 280 海里，可载乘 60 人，有充足的作业空间和先进的科学设备。

实际上，现在的"亚特兰蒂斯"号是第三艘以这个名字命名的科考船。第二艘"亚特兰蒂斯"号科考船，在 1983 年至 1996 年期间是"阿尔文"号潜水器的第二代母船；第一艘"亚特兰蒂斯"号科考船于 1931 年投入使用，1966 年退役。

潜水器母船与支撑保障基地

"亚特兰蒂斯"号科考船

"费奥多罗夫院士"号母船

"和平 1"号、"和平 2"号潜水器的母船和支撑保障基地

俄罗斯是目前世界上拥有载人潜水器较多的国家，其比较著名的载人潜水器是 1987 年投入使用的"和平 1"号和"和平 2"号。它们的母船是"费奥多罗夫院士"号。"费奥多罗夫院士"号母船属于俄罗斯最大的综合性海洋研究机构——俄罗斯科学院希尔绍夫海洋研究所，于 1980 年由芬兰建造完成，1981 年交付投入使用。船上有 17 个实验室和 1 个图书馆，可以同时承担两艘载人潜水器的作业任务。这一特点使"费奥多罗夫院士"号母船拥有极大的优势：两艘载人潜水器可同时作业，能完成许多需要配合才能完成的任务。

"亚特兰大"号科考船

"鹦鹉螺"号潜水器的母船和支撑保障基地

  法国"鹦鹉螺"号潜水器的母船是"亚特兰大"号,这是一艘总吨位达 3 559 吨的科考船,能搭载并操作"鹦鹉螺"号潜水器和一艘无人潜水器"胜利 6000"号。它们由法国海洋开发研究院运营。这个从事海洋学研究的政府服务组织成立于 1984 年,由法国原国家海洋开发中心和南特海洋渔业科学技术研究所合并而成,兼具工业和商业性质。

  法国海洋开发研究院设有海洋科考船队、数据中心、测试中心以及大型科学计算中心,能对渔业资源、水产养殖、海洋生态系统等多个领域开展研究活动。

"深海 6500"号潜水器的母船和支撑保障基地

  "深海 6500"号是日本目前下潜深度最大、作业能力最强的载人潜水器。它的母船是"横须贺"号。"横须贺"号母船的船尾甲板上安装了大型 A 形起重机,用于布放回收近 25 吨的"深海 6500"号潜水器。"横须贺"号母船是由川崎重工负责建造的,还可以用于调查海底地形和地质结构。

"横须贺"号母船

中国潜水器的母船和支撑保障基地 ▶▶▶

  母船和支撑保障基地为潜水器提供了最温暖的怀抱、最坚固的港湾。如果说潜水器像游子，那母船和支撑保障基地就是它们最温暖的"家"。

"蛟龙"号载人潜水器的母船

"蛟龙"号载人潜水器的母船先是"向阳红09"船,后"深海一号"成为其新母船。

"向阳红09"船

"向阳红09"船是1978年由上海沪东造船厂建造的4 500吨级远洋科考船。它曾经参加过数十次海洋调查,经历过许多辉煌时刻,也有过许多惊险经历,是一艘经验丰富的老船。只从"向阳红09"船建造时的经历便可一窥它的传奇。

1977年年底,世界气象组织邀请我国参与全球大气试验,这一次合作对我国意义重大,国家决定派两艘船去。然而,当时我国能够完成这一任务的船舶屈指可数,关键时刻,"向阳红09"船接下了这个任务。可你能相信这时的"向阳红09"船还在图纸上吗?

建造"向阳红09"船这项艰巨的任务最终交给了上海沪东造船厂，只有10个月的工期。当时我国的工业水平和技术设备远远落后于发达国家，要完成这一任务，其艰难程度可想而知。但研究团队和上海沪东造船厂克服了种种困难，边设计边建造，终于在1978年11月建成"向阳红09"船。不过，交船那天又遇到了问题。因为工期短、难度大，"向阳红09"船留下了一些遗憾，所以负责验收的代表迟迟不肯在交船证书上签字。情急之下，当时的工作组长马少勇立下"军令状"，以共产党员的名义和生命担保"向阳红09"船能够安全航行。最终，"向阳红09"船顺利交船，此后更是成功完成了多次海洋科考和国际合作调查任务。

2006年，7 000米载人潜水器研究团队在考察了多艘科考船之后，确定由"向阳红09"船担任载人潜水器的母船。

"向阳红09"船

潜水器母船与支撑保障基地

原本"向阳红09"船还有一两年就要退役了，因为"蛟龙"号载人潜水器它又获得了新生。

2006年，工人们开始对"向阳红09"船进行增改装，在340多天的时间里，这艘老船被掏空了主机、辅机，拆掉了部分舱室和陈旧设备，装上了布放回收系统和辅助设备系统，还更新了电站，重新规划了实验室，完成了398项改造，使其功能从远洋科学考察转为支持深海调查。"向阳红09"船再次焕发了生机，与"蛟龙"号载人潜水器一起踏上了征战南北、纵横四海之路。

尽管"向阳红09"船的船员鲜少在报道中出现，但他们同样为保障载人潜水器完成任务作出了贡献。就拿"蛟龙"号载人潜水器进行5000米海试的经历来说，去距离我国大陆上万千米的海区进行海试，对"向阳红09"船是个极大的考验。即使加油这件看似再普通不过的小事对"向阳红09"船来说也要冒风险，因为"向阳红09"船的油舱只能容纳900吨燃油，加油不能超过油箱体积的90%，可是根据计算，

"向阳红09"船

去试验海区来回一次需要 880 吨燃油，如果按这个量加油就有溢油的危险。最后经过各种测算和论证，船员们冒着风险小心翼翼地加了 887 吨燃油，确保了海试顺利完成。食物准备也是个大问题，因为要连续航行将近两个月，船上有 96 个人需要吃饭。为了保障蔬菜供应，厨师们用纸包好蔬菜，按方向摆进库里，以延长蔬菜的保存时间。"向阳红 09"船的动力保障部门——轮机部也是默默奉献的典范。轮机舱温度高达 50℃，人进去一会儿就汗流浃背，但机工们不怕高温、不怕辛苦，为"向阳红 09"船提供了源源不断的动力、电力保障。机工们精心维护、时常检修，在"向

"向阳红 09"船的轮机舱

阳红 09"船和"蛟龙"号载人潜水器的海试过程中，从没有因为轮机设备问题耽误过一秒钟。

当然，在海上也不是只有辛苦，也有一些乐趣。"蛟龙"号载人潜水器在太平洋海域海试的时候，船员们晚上无事，就把鱼钩包上一圈荧光片钓鱿鱼。钓上的鱿鱼切成片用开水烫一烫蘸着芥末吃，或者是烤成鱿鱼干，味道都不错。

有人说，如果按照人类的年龄来计算，"向阳红 09"船已经到了耄耋之年。"老骥伏枥，志在千里。"今天的"向阳红 09"船依然活跃在大洋中，为科学家们的海洋科考提供保障。

凉拌鱿鱼

潜水器母船与支撑保障基地

"深海一号"母船

2017年，"蛟龙"号载人潜水器的新母船"深海一号"在武汉开工建造。由于"向阳红09"船并不是专业的载人潜水器母船，所以存在许多先天缺陷，比如没有装备动力定位系统，没有专门的潜水器库房。基于这些原因，"深海一号"将会取代"向阳红09"船成为"蛟龙"号载人潜水器的新家。

"深海一号"是我国第一艘专用载人潜水器母船，长90.2米，型宽16.8米，型深8.3米，满载排水量约4 800吨，最大速度18节，续航力14 000海里，自持力60天，在各个方面都能达到同类船舶的国际先进水平。由于采用了先进的电力系统，所以船员数量最多只需要22人，可以留出更多的空间给科研人员。

"深海一号"母船是根据"蛟龙"号载人潜水器的特点设计的，不仅能为"蛟龙"号提供必要的水下、水面作业支持，还配有专门的潜水器维护保养车间。

"深海一号"母船

"深海一号"母船不仅可以搭载"蛟龙"号载人潜水器，还能搭载"海龙"号和"潜龙"系列潜水器，并且可根据需求让"三龙"实现同船作业，大大提高了海洋探测的效率和能力。

科学家们说，未来"三龙"有望同时搭乘"深海一号"母船进行全球科考。

"深海一号"母船下水仪式现场

"蛟龙"号载人潜水器的海试陆基保障中心

"蛟龙"号载人潜水器的成功，也离不开海试陆基保障中心提供的各种保障。

2011年，在"蛟龙"号载人潜水器赶往太平洋海域进行5 000米级海试的时候，国家海洋局八楼的一间会议室门口挂上了一个牌子——"蛟龙"号载人潜水器海试陆基保障中心。

原来，为了确保"蛟龙"号载人潜水器5 000米海试顺利进行，海试领导小组决定成立"蛟龙"号载人潜水器海试陆基保障中心。海试陆基保障中心，顾名思义，就是为"蛟龙"号载人潜水器海试提供保障的机构，其任务不仅包括提供技术保障，还包括陆海之间的联系、发布权威的海试信息，它是技术支持中心、信息发布中心和视频连线中心。为了及时接收信息、传达信息，海试陆基保障中心实行的是全天候的值班制度。

"蛟龙"号载人潜水器5 000米海试区域，与北京有着18个小时的时差，下潜之时正是北京凌晨两三点。城市在沉睡，但海试陆基保障中心的值班人员正密切关注着"蛟龙"号的一举一动，时刻准备接收前方消息。这里的工作人员大多是中青年，上有老下有小，但为

潜水器母船与支撑保障基地

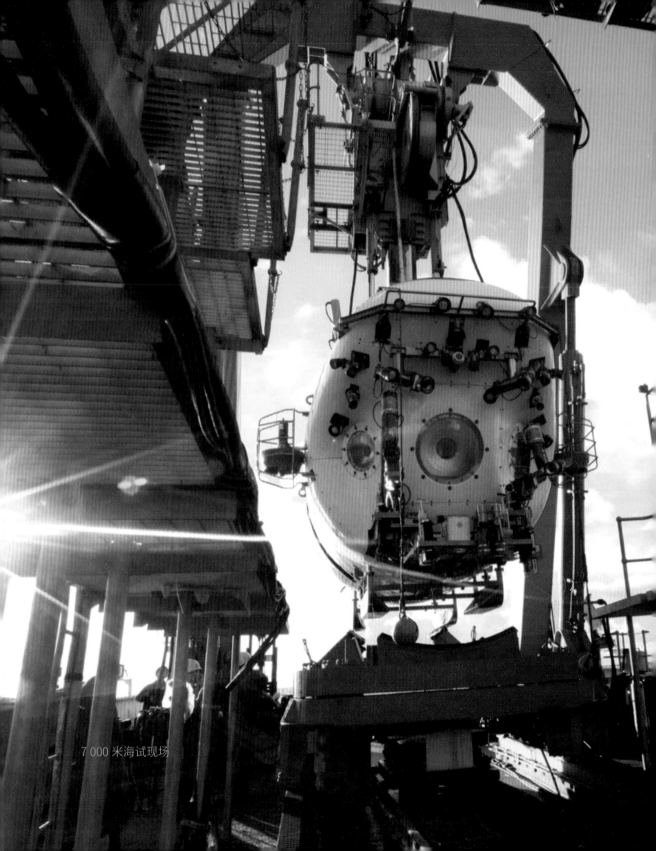

7 000 米海试现场

"蛟龙"号载人潜水器海试陆基保障中心工作
人员

了"蛟龙"号海试成功，有人曾连续值
班 36 小时。当"蛟龙"号载人潜水器
成功突破 5 000 米下潜深度时，尽管海
试陆基保障中心的工作人员不在现场，
但他们与"蛟龙"号上的海试队员一样
激动，一起欢呼鼓掌，共同分享这份胜
利的喜悦。

　　"蛟龙"号载人潜水器 7 000 米海
试时，为了保障海试顺利完成，海试陆
基保障中心专门邀请了多个领域的专家
做顾问，其中就包括"蛟龙"号载人潜
水器的总设计师徐芑南。尽管徐芑南院
士已经 70 多岁了，不适合亲临海试现
场，但"蛟龙"号每次海试时他都会坐

镇海试陆基保障中心，随时提供技术指导。

除此之外，海试陆基保障中心还是权威的海试信息发布窗口。从 5 000 米到 7 000 米，"蛟龙"号载人潜水器的探海之路牵动着全国人民的心，全社会都在关注海试动态。为了让外界及时了解最新的海试资讯，海试陆基保障中心收到海上日报之后会在第一时间编辑好并向媒体发布。

国家深海基地管理中心

说到"蛟龙"号载人潜水器，国家深海基地管理中心也是必须要提的。国家深海基地管理中心隶属自然资源部，是继俄罗斯、美国、法国和日本之后，世界上第五个深海技术支撑基地。国家深海基地管理中心位于青岛市即墨区，占地 390 亩，2014 年建设完工，2015 年开始业务化运作。国家深海基地管理中心是"蛟龙"号的技术保障中枢。

其实早在 2004 年 7 000 米载人潜水器研究团队就在专家讨论的基础上向上级提交了《关于建立国家深海基地管理中心的请示报告》，建议设立一个专门机构负责管理和维护深海设备，并面向国内外进行探海合作。2007 年国务院正式批准建立国家深海基地管理中心。

当时青岛、无锡、上海、三亚等城

国家深海基地管理中心一隅

市都纷纷伸出"橄榄枝",希望在本地建设国家深海基地管理中心,那为什么最终选择在青岛建立国家深海基地管理中心呢?这主要有以下几方面的原因:在自然环境方面,青岛海岸多由硬度高、耐磨损的花岗岩构成,有利于建设港口,而且青岛很少受到台风等自然灾害的影响;在政治环境方面,东海、南海附近都有争议海域,但青岛位于黄海,发生争议的可能性不大,安全性高;在人才条件方面,青岛有许多海洋类研究所和科研设施,也有很多海洋领域的科学家,有充足的人才储备。

2013年,国家正式批复了初步设计方案;2015年,国家深海基地管理中心一期竣工,正值科考归来的"向阳红09"船和"蛟龙"号载人潜水器也就在青岛"安家"了。

国家深海基地管理中心有八大功能分区,分别是码头作业区、海上试验区、维护维修区、潜航员训练区、大洋通讯区、办公实验区、生活服务区和学术交流与科普教育区。其中,码头作业区是停靠、栖息母船、科考船,装运货物、补给物资的地方。这里是目前国内最大的科考码头,不仅可以停靠万吨级科考船,还能同时停靠10艘4 000～6 000吨级科考船。海上试验区是对各种深海设备进行海上试验检测以及对工作人员进行海上综合训练的区域。维护维修区

潜水器母船与支撑保障基地

国家深海基地管理中心

是维修、保养、检测、试验研究各种深海科研设施的地方，可实现深海设备从维护到下水"一条龙"服务。大洋通讯区是基地对海洋科考船进行指挥、控制的地方。八大功能区，各司其职，共同确保国家深海基地管理中心的运转。

国家深海基地管理中心不仅是"向阳红09"船和"蛟龙"号载人潜水器的"家"，还是许多科考船和潜水器的"家"，如"龙"家族中的"潜龙""海龙""深龙"等潜水器都在此安家。除此之外，国家深海基地管理中心还驻有国产率达到95%的4 500米级载人潜水器"深海勇士"号。未来，"龙"家族会越来越庞大，"鲲龙""云龙"以及"龙宫"已经在部署当中。我国的深海探测发展之路，将会更加广阔。

图书在版编目（CIP）数据

探海重器 / 刘峰主编. — 青岛 ：中国海洋大学出
版社，2021.12（2024.6重印）
（跟着蛟龙去探海 / 刘峰总主编）
ISBN 978-7-5670-2754-1

Ⅰ．①探… Ⅱ．①刘… Ⅲ．①潜水器－中国－青少年
读物 Ⅳ．①P754.3-49

中国版本图书馆CIP数据核字(2021)第013337号

探海重器 Deep-sea Underwater Vehicle

出 版 人	杨立敏		
出版发行	中国海洋大学出版社		
社 址	青岛市香港东路23号	邮政编码	266071
网 址	http://pub.ouc.edu.cn	订购电话	0532-82032573（传真）
项目统筹	董 超	电 话	0532-85902342
责任编辑	滕俊平	电子信箱	appletjp@163.com
印 制	青岛海蓝印刷有限责任公司	成品尺寸	185 mm×225 mm
版 次	2021年12月第1版	印 张	10.75
印 次	2024年6月第2次印刷	字 数	147千
印 数	5001~8000	定 价	39.80元

发现印装质量问题，请致电 0532-88786655，由印刷厂负责调换。